生态学资源与利用

隆 茜 著

國家圖書館出版社
National Library of China Publishing House

图书在版编目(CIP)数据

生态学资源与利用/隆茜著. -- 北京：国家图书馆出版社,2017.7
ISBN 978 - 7 - 5013 - 6127 - 4

Ⅰ.①生… Ⅱ.①隆… Ⅲ.①生态学—资源利用—高等学校—教材 Ⅳ.①Q14

中国版本图书馆 CIP 数据核字(2017)第 127464 号

书　　名	生态学资源与利用	
著　　者	隆　茜　著	
责任编辑	高　爽	
出　　版	国家图书馆出版社(100034　北京市西城区文津街 7 号)	
	(原书目文献出版社　北京图书馆出版社)	
发　　行	010 - 66114536　66126153　66151313　66175620	
	66121706(传真)　66126156(门市部)	
E-mail	nlcpress@nlc.cn(邮购)	
Website	www.nlcpress.com→投稿中心	
经　　销	新华书店	
印　　装	北京鲁汇荣彩印刷有限公司	
版　　次	2017 年 7 月第 1 版　2017 年 7 月第 1 次印刷	
开　　本	880 毫米×1230 毫米　1/32	
印　　张	6.625	
字　　数	178千字	
书　　号	ISBN 978 - 7 - 5013 - 6127 - 4	
定　　价	38.00 元	

目　　录

前　言

生态学(Ecology)是研究生物与环境之间相互关系及其作用机理的科学。从公元 16 世纪以前的萌芽,到 20 世纪 60 年代以来的蓬勃发展,生态学的研究经历了多重变化。研究层次实现了向宏观和微观的两极发展,研究手段随着技术的进步实现了创新,研究范围从纯自然现象扩展到自然—经济—社会的复合系统。研究人类活动下的生态过程的变化是现代生态学的重要研究内容。由此,生态学不仅成为一门理论性较强的基础学科,还是一门应用领域十分广泛的应用学科。2011 年 3 月,经国务院学位办批准,生态学由原来的二级学科晋升为一级学科,与生物学并列,这对我国生态学的快速发展起到积极的促进作用。

生态学资源包括纸质资源与电子资源两大类,这些资源散落于各类图书馆馆藏和各个数据库检索系统中。这些资源数量非常庞大,而电子资源的快速发展更使得快速、精确定位所需要资源,对生态学检索者来说变得更加困难。笔者具有生态学、环境科学、自然地理学等学科背景,常年从事信息检索教学与研究工作,对生态学学科发展和生态学学生需求颇为了解。现有文献检索类课程中,较多聚焦于信息检索的常用方法,较少涉及生态学科的资源与利用。与现有文献检索类专著相比,本书在内容上有较多的创新,首先介绍生态学学科发展;其次分别介绍生态学主要参考图书与期刊资源,并按重要性程度介绍生态学需要参考的电子数据库名称,为学生从茫茫数据库海中找到需要的参考源;最后,针对生态学文献的科学管理、学位论文与科技论文的写作以及学术规范等做了充分的介绍。

本书理顺了生态学信息资源的类别、参考书目、数据库列表、论文写作方法等,可作为高等院校生态学及相关学科的教材,也可供从事生态学相关研究的科技人员参考。

　　本书在写作过程中,参考了大量前人的研究成果,在此,向相关作者一并表示感谢。由于作者水平有限,书中难免有疏漏之处,敬请读者多提宝贵意见。

隆　茜

2016 年 11 月 22 日

第一章　生态学学科发展与资源概述

第一节　生态学学科概述

1. 生态学的定义

生态学(Ecology)一词源于希腊文"oikos"(住所或栖息地)和"logos"(学科或研究)。从字义来看,生态学是研究生物栖息环境的科学。1866 年,德国动物学家海克尔(Ernst Heinrich Haeckel)首次将"生态学"定义为"研究动物与其有机及无机环境之间相互关系的科学",特别是动物与其他生物之间的有益和有害关系。20 世纪 50 年代以后,随着生态学研究范围的日渐宽泛,超出了单一生物学的领域,打破了动物、植物的界限,进入生态系统时期,生态学的定义也随之有所更新。美国生态学家 E. P. Odum(1971)提出:生态学是研究生态系统的结构和功能的科学。中国生态学协会创始人马世骏(1980)对生态学的定义是:研究生命系统与环境系统之间相互作用规律及其机制的科学。生态学的不同定义代表了生态学的不同发展阶段,强调了不同的生态学分支和领域。生态学科发展至今,其内涵和外延都发生了变化,特别是随着人类活动范围的日渐扩大和活动强度的剧增,人与自然之间的和谐统一出现了问题。酸雨、温室效应、沙尘暴、雾霾等一系列的环境问题已经影响到人类的生存条件和生活质量。怎样才能在人与自然、在人类的经济发展和环境保护中协调可持续的发展,是我们的当务之急。

2. 生态学的分支学科

生态学已发展成为庞大的学科体系,按不同标准划分如下:

（1）按研究对象的组织层次划分：

分为个体生态学（autecology）、种群生态学（population ecology）、群落生态学（community ecology）、生态系统生态学（ecosystem ecology）。

（2）按研究对象的生物分类划分：

分为动物生态学（animal ecology）、植物生态学（plant ecology）、微生物生态学（microbial ecology），以及人类生态学（human ecology）。

（3）按生物栖息地划分：

分为陆地生态学（terrestrial ecology）和水域生态学（aquatic ecology），前者包括森林生态学（forest ecology）、草地生态学（grassland ecology）、荒漠生态学（desert ecology）等；后者包括淡水生态学（fresh-water ecology）、海洋生态学（marine ecology）、湿地生态学（marshy ecology）和山地生态学（mountain ecology）。

（4）按交叉的学科划分：

分为数学生态学（mathematical ecology）、化学生态学（chemical ecology）、能量生态学（energy ecology）、地理生态学（geographic ecology）、生理生态学（physiological ecology）、进化生态学（evolutionary ecology）、行为生态学（behavioural ecology）、生态遗传学（ecological genetics）、经济生态学（economic ecology）等。

（5）按生态学研究方法划分：

分为理论生态学（theoretical ecology），实验生态学（experimental ecology），野外生态学（field ecology）等。

3. 生态学研究方法

由于现代生态学与其他学科相互渗透，相互融合，逐步拓展了生态学的研究范围和方法，其研究方法相当复杂多样。除常规方法外，逐渐运用一些能准确获取信息的手段（如遥感技术、地理信息系统等）和精密观测的仪器，将生态学的研究范围不断扩大，尺度不断拓展。生态学的研究主要通过以下三种途径：

（1）野外观测与现场调查

在自然条件下，人们对自然现象进行搜集、描述和记载。在调查中除了要应用生物学、化学、物理学、地学、气象学等方面的知识和手段外，时常需要现代化的调查工具，如调查船、飞机，甚至人造卫星等，采用先进技术和仪器，如示踪元素、无线电追踪、遥感、遥测等。

（2）实验室模拟和分析

针对研究目的，使用科学仪器和设备，有意识地控制外部条件和过程，避开次要矛盾，突出主要因素，探索客观规律，认识客观世界。除一般生物学、生理学、毒理学研究方法外，还要结合化学、物理学，尤其是分析化学、仪器分析、物理仪器、放射性同位素测定等方法。

（3）数学模型与计算机模拟

广泛应用于生态学各个领域，尤其对生态学理论教学、科研以及生态问题的预测、预报起着十分重要的作用。利用数学模型研究种群动态在发展种群生态学上，例如种群增长和种间竞争等方面，已经做出了很大的贡献。模型模拟预测，通过现实来检验预测是否准确，同时也通过不断重复模拟修改参数，使模型逐渐逼近现实。

第二节　生态学学科排行榜

全球大学各个排行榜中，目前公认的首个大学排行榜是由《美国新闻与世界报道》（*U. S. News & World Report*）在 1983 年首创的，至今已有 34 年历史。美国权威的《美国新闻与世界报道》继 U. S. News 本科排名、U. S. News 研究生院排名之后，又推出了具有巨大影响力的全球性大学排名"U. S. News 世界大学排名"（U. S. News Best Global Universities）。目前，我国主要的学科评估（China Discipline Ranking，CDR）是指一级学科整体水平评估，简称学科评估。学科评估由教育部学位与研究生教育发展中心（简称学位中心）组织，2002 年，学位中心首次在全国开展一级学科整体水平评估，至 2012 年已完成三轮评估[1]。本书分别介绍了 U. S. News 和我国教育部发布的生态学科的排名情况。

1. 国内外生态学科高校排行榜

（1）国内生态学科高校排行榜

教育部学位与研究生教育发展中心发布了 2012 年全国高校学科评估结果，统计了全国高校 31 门学科的整体水平得分[2]。表 1－1 列出了生态学科的排名情况。本一级学科中，全国具有"博士一级"授权的高校共 58 所中有 44 所参评，还有部分具有"博士二级"授权和硕士授权的高校也参加了评估，参评高校共计 78 所（得分相同的高校按学校代码顺序排列）。

表 1－1　生态学科排名

学校代码及名称	学科整体水平得分
10027 北京师范大学 10558 中山大学	86
10246 复旦大学 10269 华东师范大学 10335 浙江大学 10673 云南大学 10730 兰州大学	84
10001 北京大学 10284 南京大学	83
10019 中国农业大学 10225 东北林业大学 10384 厦门大学 10486 武汉大学	79

学校代码及名称	学科整体水平得分
10022 北京林业大学 10055 南开大学 10200 东北师范大学 10298 南京林业大学 10538 中南林业科技大学 10712 西北农林科技大学	76
10248 上海交通大学 10610 四川大学 10635 西南大学	75
10094 河北师范大学 10126 内蒙古大学 10307 南京农业大学 10422 山东大学	73
10358 中国科学技术大学 10574 华南师范大学 10718 陕西师范大学	71
10003 清华大学 10028 首都师范大学 10319 南京师范大学 10357 安徽大学 10434 山东农业大学 10487 华中科技大学 10537 湖南农业大学 10697 西北大学	70

续表

学校代码及名称	学科整体水平得分
10108 山西大学 10364 安徽农业大学 10370 安徽师范大学 10466 河南农业大学 10504 华中农业大学 10733 甘肃农业大学 10755 新疆大学	69
10475 河南大学 10512 湖北大学	67
10052 中央民族大学 10075 河北大学 10086 河北农业大学 10140 辽宁大学 10341 浙江农林大学 10346 杭州师范大学 10445 山东师范大学 10459 郑州大学 10511 华中师范大学 10602 广西师范大学 10677 西南林业大学 10694 西藏大学 10736 西北师范大学 11075 三峡大学	66

续表

学校代码及名称	学科整体水平得分
10065 天津师范大学	
10157 沈阳农业大学	
10158 大连海洋大学	
10165 辽宁师范大学	
10280 上海大学	
10320 江苏师范大学	
10338 浙江理工大学	
10345 浙江师范大学	65
10489 长江大学	
10636 四川师范大学	
10637 重庆师范大学	
10638 西华师范大学	
10681 云南师范大学	
11117 扬州大学	
10166 沈阳师范大学	
10451 鲁东大学	
10524 中南民族大学	64
11035 沈阳大学	

（2）全球生态学科高校排行榜

U. S. NEWS 发布最新的 2017 年 U. S. NEWS 世界大学专业排名[3]。环境与生态学（Environment/Ecology）专业高校排名中,美国名校包揽前四名,非美国院校中排名最高的是瑞士的苏黎世联邦理工学院。表 1 - 2 列出了环境与生态学专业排名前 50 强的高校及其所在国家。

表 1-2　2017 年 U.S.NEWS 世界大学环境与生态学专业排名(Environment/Ecology)

排名	学校名称	学校英文名	国家/地区
1	加州大学伯克利分校	University of California, Berkeley	美国
2	哈佛大学	Harvard University	美国
3	斯坦福大学	Stanford University	美国
4	加州大学戴维斯分校	University of California, Davis	美国
5	苏黎世联邦理工学院	Swiss Federal Institute of Technology Zurich	瑞士
6	杜克大学	Duke University	美国
7	瓦格宁根大学	Wageningen University and Research Center	荷兰
8	昆士兰大学	University of Queensland Australia	澳大利亚
9	英属哥伦比亚大学	University of British Columbia	加拿大
10	牛津大学	University of Oxford	英国
11	耶鲁大学	Yale University	美国
12	加州大学圣塔芭芭拉分校	University of California, Santa Barbara	美国
13	华盛顿大学	University of Washington	美国
14	明尼苏达大学双城分校	University of Minnesota, Twin Cis	美国
15	詹姆斯库克大学	James Cook University	澳大利亚
15	普林斯顿大学	Princeton University	美国
17	威斯康辛大学麦迪逊分校	University of Wisconsin, Madison	美国
18	蒙彼利埃大学	University of Montpellier	法国
19	康奈尔大学	Cornell University	美国
19	帝国理工学院	Imperial College London	英国
21	佛罗里达大学	University of Florida	美国
22	剑桥大学	University of Cambridge	英国

续表

排名	学校名称	学校英文名	国家/地区
23	斯德哥尔摩大学	Stockholm University	瑞典
24	密歇根州立大学	Michigan State University	美国
25	密歇根大学安娜堡分校	University of Michigan, Ann Arbor	美国
26	科罗拉多大学博尔德分校	University of Colorado, Boulder	美国
27	瑞典环境与生态大学	Swedish University of Agricultural Sciences	瑞典
28	奥胡斯大学	Aarhus University	丹麦
29	哥伦比亚大学	Columbia University	美国
30	俄勒冈州立大学	Oregon State University	美国
31	哥本哈根大学	University of Copenhagen	丹麦
32	北京大学	Peking University	中国
33	加州大学洛杉矶分校	University of California, Los Angeles	美国
34	埃克塞特大学	University of Exeter	英国
35	马里兰大学学院公园分校	University of Maryland, College Park	美国
36	隆德大学	Lund University	瑞典
37	赫尔辛基大学	University of Helsinki	芬兰
38	加州大学圣地亚哥分校	University of California, San Diego	美国
39	科罗拉多州立大学	Colorado State University	美国
40	亚利桑那大学	University of Arizona	美国
41	麦吉尔大学	McGill University	加拿大
42	加州大学尔湾分校	University of California, Irvine	美国
43	多伦多大学	University of Toronto	加拿大

续表

44	亚利桑那州立大学	Arizona State University, Tempe	美国
44	西澳大学	University of Western Australia	澳大利亚
46	北卡罗来纳大学 教堂山分校	University of North Carolina, Chapel Hill	美国
47	澳洲国立大学	Australian National University	澳大利亚
48	伯尔尼大学	University of Bern	瑞士
49	新南威尔士大学	University of New South Wales	澳大利亚
50	苏黎世大学	University of Zurich	瑞士

2. ESI 环境与生态学领域全球前1%排名

汤森路透(Thomson Reuters)基本科学指标数据库(Essential Science Indicators,简称 ESI),在2015年3月5日公布了根据全球研究机构于2004年1月1日至2014年12月31日在 Web of Science 数据库的 SCI、SSCI 收录环境与生态学领域期刊上发表的论文,统计分析出环境与生态学领域共有721个研究机构进入 ESI 全球前1%。排名参照指标为总被引次数(citations)、论文数(papers)和篇均被引次数(citations per paper)。中国内地及港、澳共有32所科研机构进入 ESI 环境与生态学学科。表1-3列出了中国内地及港、澳进入 ESI 环境与生态学领域全球前1%的高校或科研机构。

表1-3 中国内地及港、澳进入 ESI 环境与生态学科全球前1%的院所

序号	机构名称	论文数	总被引频次	篇均被引频次	ESI 环境与生态学全球排名 (按总被引频次)
1	中国科学院(CHINESE ACAD SCI)	13 659	131 279	9.61	4/721

续表

序号	机构名称	论文数	总被引频次	篇均被引频次	ESI 环境与生态学全球排名（按总被引频次）
2	中国科学院生态环境研究中心（RESEARCH CTR ECO EN-VIRONM SCI）	2109	26 060	12.36	92/721
3	北京大学（PEKING UNIV.）	1555	19 738	12.69	144/721
4	浙江大学（ZHEJIANG UNIV.）	1603	16 958	10.58	173/721
5	清华大学（TSING HUA UNIV.）	1469	14 910	10.15	193/721
6	南京大学（NANJING UNIV.）	1403	11 791	8.40	264/721
7	中国科学院大学（UNIV. CHINESE ACAD SCI）	2216	10 531	4.75	295/721
8	香港大学（UNIV. HONG KONG）	749	11 660	15.57	267/721
9	北京师范大学（BEIJING NOR-MAL UNIV.）	1409	10 201	7.24	303/721
10	香港城市大学（CITY UNIV. HONG KONG）	668	9989	14.95	305/721
11	香港科技大学（HONG KONG UNIV. SCI & TECHNOL）	543	8653	15.94	343/721
12	香港理工大学（HONG KONG POLYTECH UNIV.）	495	8455	17.08	352/721
13	南开大学（NANKAI UNIV.）	586	7544	12.87	399/721
14	中山大学（SUN YAT SEN UNIV.）	722	7500	10.39	400/721
15	同济大学（TONGJI UNIV.）	992	7324	7.38	406/721
16	哈尔滨工业大学（HARBIN INST TECHNOL）	735	6924	9.42	428/721

续表

序号	机构名称	论文数	总被引频次	篇均被引频次	ESI 环境与生态学全球排名（按总被引频次）
17	上海交通大学(SHANGHAI JIAO TONG UNIV.)	706	6710	9.50	441/721
18	香港浸会大学（HONG KONG BAPTIST UNIV.）	382	6404	16.76	452/721
19	复旦大学(FUDAN UNIV.)	543	6327	11.65	454/721
20	中国农业大学（CHINA AGR UNIV.）	694	6152	8.86	466/721
21	大连理工大学(DALIAN UNIV. TECHNOL)	427	6033	14.13	472/721
22	南京农业大学(NANJING AGR UNIV.)	471	5218	11.08	521/721
23	华东师范大学（EAST CHINA NORMAL UNIV.）	499	4798	9.62	553/721
24	兰州大学(LANZHOU UNIV.)	628	4864	7.75	548/721
25	中国科技大学（UNIV. SCI & TECHNOL CHINA）	371	4702	12.67	558/721
26	厦门大学(XIAMEN UNIV.)	553	4641	8.39	563/721
27	中国环境科学研究院（CHINESE RES INST ENVIRONM SCI）	681	4233	6.22	590/721
28	武汉大学(WUHAN UNIV.)	528	3997	7.57	611/721
29	中国海洋大学（OCEAN UNIV. CHINA）	734	3958	5.39	615/721
30	中国农业科学院（CHINESE ACAD AGR SCI）	377	3786	10.04	628/721

续表

序号	机构名称	论文数	总被引频次	篇均被引频次	ESI 环境与生态学全球排名（按总被引频次）
31	香港中文大学（CHINESE UNIV. HONG KONG）	254	3571	14.06	666/721
32	中国地质大学（CHINA UNIV. GEOSCI）	633	3429	5.42	686/721

表 1-4 列出了进入 ESI 环境与生态学领域全球前 1% 的世界百强高校或科研机构。

表 1-4 进入 ESI 环境与生态学领域全球前 1% 的世界百强高校或科研机构

序号	机构名称	总引用次数	单篇引用次数	论文总数
1	加州大学 UNIV. CALIF SYSTEM	304 641	24.47	480
2	法国国家科学研究院 CNRS	178 476	18.16	259
3	中国科学院 CHINESE ACAD SCI	164 385	10.26	150
4	西班牙高等科学研究委员会 CSIC	120 574	19.74	184
5	瑞士联邦技术研究院 SWISS FEDERAL INSTITUTES OF TECHNOLOGY DOMAIN	117 542	24.57	190
6	美国农业部 USDA（US DEPT AGR）	110 447	16.24	116
7	美国内政部 DEPARTMENT OF INTERIOR-USA	107 798	15.89	120
8	美国地质调查局 U.S. GEOL SURVEY	101 914	16.62	117
9	英国国家环境研究委员会 NERC NATL ENVIRONM RES COUNCIL	99 195	22.02	138
10	加州大学伯克利分校 UNIV. CALIF BERKELEY	90 105	27.76	168
11	佛罗里达州立大学系统 FLORIDA STATE UNIV. SYSTEM	89 018	16.92	124

续表

序号	机构名称	总引用次数	单篇引用次数	论文总数
12	加州大学戴维斯分校 UNIV. CALIF DAVIS	79 346	23.32	111
13	瓦赫宁恩大学暨研究中心 WAGENINGEN UNIV. & RES CTR	67 414	21.07	124
14	澳大利亚联邦科学与工业研究院 CSIRO	67 244	18.98	120
15	美国能源部 U. S. DEPT ENERGY	66 821	18.24	92
16	法国发展研究院 INST RECHERCHE DEVELOPPEMENT(IRD)	66 702	18.23	108
17	北卡罗来纳大学 UNIV. ERSITY OF NORTH CAROLINA	61 037	18.57	89
18	威斯康星大学系统 UNIV. WISCONSIN SYSTEM	60 492	23.43	101
19	不列颠哥伦比亚大学 UNIV. BRITISH COLUMBIA	60 188	25.05	101
20	美国环保局 U. S. EPA	59 209	17.79	67
21	法国农业科学研究院 INRA	59 081	17.76	81
22	德国亥姆霍兹国家研究中心联合会 HELMHOLTZ ASSOCIATION	58 748	18.1	85
23	俄勒冈大学系统 OREGON UNIV. SYS	58 610	20.89	81
24	苏黎世联邦理工学院 SWISS FED INST TECHNOL ZURICH	58 154	23.67	105
25	英国生态水文中心 NERC CTR ECOL & HYDROL	58 024	22.97	88
26	昆士兰大学 UNIV. QUEENSLAND	57 441	20.16	96
27	佐治亚大学系统 UNIV. SYS GEORGIA	56 017	18.37	68
28	斯坦福大学 STANFORD UNIV.	55 063	29.93	117
29	美国林务局 U. S. FOREST SERVICE	54 750	19.47	71
30	明尼苏达大学系统 UNIV. MINNESOTA SYS	53 658	25.02	93

续表

序号	机构名称	总引用次数	单篇引用次数	论文总数
31	明尼苏达大学 UNIV. MINNESOTA	53 651	25.02	93
32	美国国家海洋和大气管理局 NOAA（NATL OCE-ANIC ATMOSPHERIC ADMIN）	53 390	19.69	77
33	杜克大学 DUKE UNIV.	52 132	29.14	107
34	加州大学圣塔芭芭拉分校 UNIV. CALIF SANTA BARBARA	50 314	37.08	107
35	哈佛大学 HARVARD UNIV.	49 754	25.1	87
36	俄亥俄州立大学系统 UNIV. SYS OHIO	48 968	16.74	76
37	马克斯·普朗克科学促进学会 MAX PLANCK SOCIETY	48 798	24.56	75
38	蒙彼利埃第一大学 PRES SUD DE FRANCE	48 674	22.85	77
39	佛罗里达大学 UNIV. FLORIDA	48 376	17.41	74
40	威斯康星大学麦迪逊分校 UNIV. WISCONSIN MADISON	48 264	24.41	77
41	俄勒冈州立大学 OREGON STATE UNIV.	46 895	21.42	67
42	美国纽约州立大学 SUNY SYSTEM	46 687	21.59	63
43	华盛顿大学 UNIV. WASHINGTON	46 343	21	88
44	蒙彼利埃第二大学 UNIV. MONTPELLIER	46 077	24.28	76
45	华盛顿大学（西雅图）UNIV. WASHINGTON SE-ATTLE	45 335	21.28	88
46	奥胡斯大学 ARHUS UNIV.	45 138	19.7	66
47	康奈尔大学 CORNELL UNIV.	44 453	22.67	64
48	科罗拉多州立大学 COLORADO STATE UNIV.	44 262	22.22	81
49	马里兰大学系统 UNIV. SYS MARYLAND	44 139	21.99	82

续表

序号	机构名称	总引用次数	单篇引用次数	论文总数
50	宾夕法尼亚联邦高等教育系统 PENNSYLVANIA COMMONWEALTH SYS HIGH EDUC	42 581	21.29	66
51	斯德哥尔摩大学 STOCKHOLM UNIV.	42 219	23.35	71
52	密歇根大学系统 UNIV. MICHIGAN SYS	41 063	23.37	54
53	密歇根大学 UNIV. MICHIGAN	40 998	23.37	54
54	瑞典农业科技大学 SWEDISH UNIV. AGR SCI	40 603	18.13	76
55	牛津大学 UNIV. OXFORD	40 265	22.53	86
56	史密森研究所 SMITHSONIAN INST	39 774	26.38	66
57	科罗拉多大学系统 UNIV. COLORADO SYSTEM	39 573	23.4	75
58	德国亥姆霍兹环境研究中心 HELMHOLTZ CTR ENVIRONM RES	39 374	19.01	66
59	科罗拉多大学波尔得分校 UNIV. COLORADO BOULDER	39 265	23.55	74
60	赫尔辛基大学 UNIV. HELSINKI	38 518	18.93	55
61	英国伦敦帝国学院 IMPERIAL COLL LONDON	38 478	22.1	71
62	詹姆士库克大学 JAMES COOK UNIV.	38 266	23.52	98
63	密歇根州立大学 MICHIGAN STATE UNIV.	37 464	21.19	62
64	麦吉尔大学 MCGILL UNIV.	37 234	25.28	66
65	耶鲁大学 YALE UNIV.	37 040	27.44	72
66	亚利桑那大学 UNIV. ARIZONA	36 837	18.76	54
67	亚利桑那州立大学 ARIZONA STATE UNIV.	36 081	24.68	63
68	加拿大多伦多大学 UNIV. TORONTO	35 983	19.31	43
69	伊利诺伊大学系统 UNIV. ILLINOIS SYSTEM	35 928	17.71	51
70	瑞士联邦水科学与研究所 SWISS FED INST AQUA SCI TECH	35 484	24.37	54

续表

序号	机构名称	总引用次数	单篇引用次数	论文总数
71	佐治亚大学 UNIV. GEORGIA	35 461	18.81	41
72	德州大学系统 UNIV. TEXAS SYS	35 385	19.78	64
73	哥本哈根大学 UNIV. COPENHAGEN	35 304	17.1	56
74	阿尔伯特大学 UNIV. ALBERTA	34 392	19.12	49
75	美国卫生部人类服务部 U. S. DEPT HLTH HUMAN SERVICES	34 357	22.87	43
76	伦敦大学 UNIV. LONDON	34 216	17.98	63
77	宾夕法尼亚州立大学 PENN STATE UNIV.	34 018	22.35	56
78	北卡罗来纳大学教堂山分校 UNIV. N CAROLINA CHAPEL HILL	33 176	27.1	59
79	普林斯顿大学 PRINCETON UNIV.	32 735	33.78	52
80	加拿大环境研究所 ENVIRONM CANADA	32 112	16.9	25
81	中国科学院生态环境研究中心 RESEARCH CTR ECO ENVIRONM SCI	31 655	13.45	22
82	墨尔本大学 UNIV. MELBOURNE	31 512	20.79	58
83	隆德大学 LUND UNIV.	31 232	19.26	50
84	巴黎萨克雷大学 UNIV. PARIS SACLAY COMUE	30 282	18.87	57
85	法国农业发展研究中心 CIRAD	30 227	19.49	56
86	巴黎科学与文学联大 PSL RES UNIV. PARIS	30 135	22.44	44
87	巴黎第六大学 PIERRE & MARIE CURIE UNIV. -PARIS 6	30 035	18.02	38
88	根特大学 GHENT UNIV.	29 919	16.14	33
89	剑桥大学 UNIV. CAMBRIDGE	29 647	21.77	56
90	伊利诺伊大学厄巴纳—香槟分校 UNIV. ILLINOIS URBANA-CHAMPAIGN	29 457	18.55	43

续表

序号	机构名称	总引用次数	单篇引用次数	论文总数
91	CONSEJO NACL INVEST CIENT & TECN	29 291	11.34	33
92	英国谢菲尔德大学 UNIV. SHEFFIELD	28 858	24.17	45
93	墨西哥国立自治大学 NATL AUTONOMOUS UNIV. MEXICO	28 469	10.79	38
94	加州州立大学系统 CALIF STATE UNIV. SYSTEM	28 223	18.35	35
95	加州大学圣迭戈分校 UNIV. CALIF SAN DIEGO	28 211	30.08	41
96	澳大利亚国立大学 AUSTRALIAN NATL UNIV.	27 781	21.35	55
97	加州大学欧文分校 UNIV. CALIF IRVINE	27 409	31.32	54
98	史密森尼亚热带研究所 SMITHSONIAN TROP RES INST	27 341	30.65	44
99	圣保罗大学 UNIV. SAO PAULO	27 119	11.18	27
100	利兹大学 UNIV. LEEDS	26 887	24.14	56

注:表中 91 号机构未找到准确译名。

第三节　生态学本科生培养

2011 年,国务院学位委员会和教育部颁布了《学位授予和人才培养学科目录(2011 年)》,生态学(代号 0713)等 19 个学科被提升为一级学科。生态学一级学科的确立,是我国生态学科迅速发展、生态文明全面建设的重要里程碑。现代生态学作为联结自然科学和社会科学的桥梁,是解决当前世界各国的人口、资源、环境和发展问题的有力武器,也是当前我国实施生态文明建设、循环经济建设与可持续发展战略的重要科技支撑[4]。

由于培养目标不同,不同学校的发展历史、特色、学科基础等各不相同,因此,目前我国生态学专业在人才培养方案制订、专业方向与课程设置、教学大纲制定、教材选择、教学重点和难点把握等方面存在非常大的差异[5]。2012 年新修订的我国普通高等学校"生态学"本科专业介绍中提到,我国生态学本科专业的培养目标是"培养具备生物学及其他相关自然科学基础知识,系统地掌握生态学专业理论和知识,具有开展生态学实验和野外实践的技能,能在与生态学密切相关的农业、林业、水利、环保、规划等教学与科研单位、职能部门和企业从事生态学教学、科研、技术开发等工作,成为具有良好科学素养和创新能力的复合型人才"。而美国加州大学戴维斯分校是一所世界知名的高等学府,其生态学专业为全美第一,在世界上享有很高的声誉。在本科生的培养方面,加州大学戴维斯分校的生态学专业致力于培养学生的生态学思维,提高学生对现实环境问题的认识,为学生进入社会或进入研究生阶段的学习提供良好的基础[6]。

生态学原属于理学类生物学(0710)下的一个二级学科(071012),2010 年国务院学位委员会将"生态学"设立为一级学科(0713),标志着我国生态学从此进入了新的发展时期。作为一门综合性很强的学科,有的学校将其分在生物类(北京师范大学、中山大学、复旦大学、浙江大学等),有的将其分在环境类(华东师范大学、云南大学、北京大学、中国农业大学等),无论专业设在哪个学院,生态学都是综合了生物与环境的结合体。与生态学相近的学科有地图学与地理信息系统(070503)、植物学(071001)、动物学(071002)、微生物学(071005)、遗传学(071007)、细胞生物学(071009)、生物化学与分子生物学(071010)、城市规划与设计(含风景园林规划与设计)(081303)、地图制图学与地理信息工程(081603)、生物化工(081703)、环境科学(083001)、环境工程(083002)、土壤学(090301)、园林植物与观赏园艺(090706)、水土保持与荒漠化防治(090707)等。

国内高校生态学专业本科生开设的生态学课程主要有:普通(基础)生态学、动物生态学、植物生态学、景观生态学、污染生态学、恢复生态学、草地生态学、城市生态学、人类生态学、生态经济学、生物多样性保护、进化生态学、全球生态学等。不难发现，国内开设的这些生态学课程涉及面较广但不系统，相互之间存在很多重复，分类标准不统一。而各高校在这些生态学课程的选择上也很少有按生态学自身特性开设的，很多都是根据自己的区域特点或专业发展历史而定。比如，云南大学的生态学专业偏重植物生态学，内蒙古大学的生态学专业偏重草地生态学，复旦大学偏重生物多样性与环境变化，北京师范大学和兰州大学偏重理论生态学，等等[7]。

对比国内部分高校生态学本科专业建设目标、主干课程体系和特色课程后发现，各高校依据各自的地域优势和基础学科优势，开设了一些特色课程，形成了各具特色的课程体系，如中国农业大学和华南农业大学注重生态学理论的应用；北京大学、复旦大学、兰州大学和云南大学更突出生态学理论和环境科学的交叉与融合；中山大学则突出生态学理论和应用并举[8]，具体见表1-5。

表1-5　国内部分高校生态学专业课程体系对比

学校	专业建设目标	主干课程	精品、特色课程
中山大学	培养基础扎实、知识面广，具有从事基础与应用研究或管理能力的高层次人才。学生毕业后除在国内外升学外，还适合在高等学校、科研部门、政府机关、企业等单位从事专业相关管理或科技开发工作	生态学研究方法、分子生态学、景观生态学、应用生态学、恢复生态学和污染生态学等，和植物学、动物学、生物化学、微生物学等课程作为专业核心课程	景观生态学、恢复生态学、分子生态学、污染生态学
北京大学	把生态学科办成既有基础理论，又能解决实际问题的学科，研究和解决我国生态环境方面的重大基础和实践问题，并开展生态教育和普及工作，成为国内最好、国际上有知名度的本科专业	突出生物科学与地球科学、环境科学、信息科学等不同学科和交叉、宏观与微观相结合、室内实验与野外基础训练并重的特点	生物生态学、地生态学、应用生态学

续表

学校	专业建设目标	主干课程	精品、特色课程
复旦大学	培养具有良好的政治素质和道德素养，具有扎实的环境科学的基本理论、基础知识和基本技能，能在科研机构、高等学校、企事业单位和行政部门等从事环境方面科研、教学、技术开发和管理等工作的高级专业人才	环境学、生态学（及实验）、环境生物学、环境工程学、环境化学、环境信息系统、环境规划与管理、水污染与控制、环境微生物学、产业生态学、城市绿地规划与设计等	生态学、产业生态学、环境学、环境生物学等
中国农业大学	培养具备专业基础理论和方法，能够从事生态环境保护与管理及生态农业、绿色食品、生态产业的开发和经营管理，能够从事区域生态系统分析、评价、规划和设计的高级专业技术人才	景观生态与规划、农业生态学、生态工程与设计、生态管理工程、污染生态学、化学生态、生物多样性导论、分子生态与生物进化、资源环境系统分析等	农业与环境生态工程设计、绿色有机食品生产与管理、农业废弃物资源化利用等
兰州大学	培养具备生态学的基本理论、基本知识和较强的实验技能，能在科研机构、高等学校及企事业单位及行政部门等从事科学研究、教学工作及管理工作的专门人才	动物生物学，植物生物学、分子生物学、个体生态学、生物化学、植物生理生态学、种群生态学、生态系统生态学、群落生态学	个体、种群、群落和生态系统生态学
云南大学	培养具有坚实的生物学和环境科学基础，全面掌握生态学基础理论、知识和技能的人才，强化生态建设和生物多样性保护的研究与应用能力的训练与培养	植物生态学、景观生态学、污染生态学、恢复生态学与生态工程学、自然资源生态学、城市生态学、人类生态学、生态经济学、产业生态学、生物多样性保护等	普通生态学、人类生态学、生态旅游

续表

学校	专业建设目标	主干课程	精品、特色课程
华南农业大学	培养德、智、体全面发展,掌握生态学的基础知识、基本理论和基本技能,具备生态学及相关学科领域的科学研究、技术推广、产品开发、专业教学能力,毕业后从事生态农业、生态规划、生态工程、生态旅游、生态环境评价、生态环境保护与建设、生态管理等相关作的复合型高级人才	普通生物学、环境学、学概论、普通生态学、农业生态学、生态程技术及应用、环境经济与生态管理、生态规划学、旅游生态学、工业生态学、生态学综合实验等	普通生态学、农业生态学、生态工程技术及应用、环境经济与生态管理等
华东师范大学	培养具备生态学理念,掌握生态学基本理论、基本知识和基本技能,能在科研机构、高等院校、企事业单位及行政部门从事科研、教学、管理等工作的专门人才。毕业生适宜到科研部门、高等和中等学校从事生态学、环境学等的研究和教学工作,以及到厂矿企业、事业、技术和行政管理部门从事生态规划和设计;生态环境保护和建设技术的应用开发研究,以及环境管理工作;也可以继续攻读生态学和相关学科的硕士学位,经过进一步学习成为生态学的科研与教学机构的高级专门人才	生态学基础、普通生物学、生态学、种群生态学、群落生态学、生态系统生态学、植被生态学、景观生态学、遗传生态学、城市生态学、污染生态学、生态工程学、生态规划与设计、全球变化生态学、环境水文学、环境工程概论等	城市生态学、污染生态学、生态工程学、生态规划与设计、全球变化生态学、野外自然观察实习、植物分类学野外实习、生态学野外实习、自然地理学野外实习

信息来源:各高校网站及文献6。

第四节　生态学资源概述

1. 信息资源类型

信息资源从不同角度出发,可以分为多种类型,但是对读者而言,最常接触到的是以出版形式划分。按出版形式可分为以下文献类型:

(1)图书(Book)

一般来讲,图书是指内容比较成熟、资料比较系统、有完整定型的装帧形式的出版物。科研人员阅读的文献中,图书占14%—19%。其版本形式有单卷书、丛书、专著、参考书等。图书具有内容全面、系统、基础理论性强、论点成熟、定型、可靠等优点,但时效性较差,传递信息的速度较慢。

(2)期刊(Journals or Magazine or Periodical)

期刊(Periodicals),也称杂志(Journals 或 Magazine),是指那些定期或不定期出版、汇集了多位著者论文的连续出版物。科研人员阅读的文献中,期刊论文占65%以上,是最主要的信息源。期刊按内容性质可分为学术性期刊、通讯性期刊、消息性期刊、综述与述评性期刊、资料性期刊和检索性期刊等。按出版周期分为月刊(monthly)、周刊(weekly)、双月刊(bimonthly)、季刊(quarterly)、年刊(annuals)。与图书相比,期刊具有出版周期短、刊载论文速度快、品种多、数量大、连续性强、内容新颖、发行与影响面广,能及时反映国内外科技成果等特点。

(3)学位论文(Dissertation or Thesis)

学位论文是高等院校和科研院所的学生为获得学位资格(通常指博士、硕士学位)而撰写的学术性较强的研究论文。学位论文是在参考大量文献、进行科学研究的基础上完成的。因此,学位论文具有理论性、系统性较强、内容专一、阐述详细、一定独创性等特点。

(4)会议论文(Conference Document/Conference Paper)

会议论文是指在各种科技会议上发表的论文、报告稿、讲演稿等文献。按文献出版时间的先后可分为会前文献(如会议论文预印本、会议论文摘要和会议通知等)、会间文献(如开幕词、讲演词、闭幕词和讨论记录)和会后文献(如会议录、会议论文集、会议论文汇编等)3种。按会议规模可分为国际性会议、全国性会议、地区性会议/基层会议。会议文献具有传播信息及时、论题集中、内容新颖、专业性强、质量较高的特点,往往代表某一学科或专业领域内最新学术研究成果,反映该学科或专业的学术水平、研究动态和发展趋势。

(5)科技报告(Science & Technical Report)

科技报告又称研究报告和技术报告,是科学技术工作者围绕某个课题研究所取得的成果的正式报告,或对某个课题研究过程中各阶段进展情况的实际记录。科技报告的特点是:单独成册,所报道成果一般必须经过主管部门组织有关单位审定鉴定,其内容专深、可靠、详尽,而且不受篇幅限制,可操作性强,报告迅速。有些报告因涉及尖端技术或国防问题等,所以一般控制发行,仅有小部分可以公开发表或半公开发表。著名的科技报告有美国政府的 AD、PB、NASA、DOE 四大报告;英国的 ARC 报告;法国的 CEA 报告;德国的 DVR 报告等。

(6)专利文献(Patent Document)

专利文献通常是指发明人或专利权人申请专利时向专利局呈交的一份详细说明发明的目的、构成及效果的书面技术文件,经专利局审查,公开出版或授权后的文献。广义的专利文献是指专利局出版的与专利有关的各种文献,如专利公报、专利文摘、分类表、检索工具、说明书以及与专利有关的法律文献等。狭义的专利文献仅指专利说明书,专利检索的主要对象是专利说明书。专利文献的特点是:数量庞大、报道快、学科领域广阔、内容新颖、具有实用性和可靠性,是集技术、法律和经济为一体的特种文献。

(7)标准文献(Standard Literature)

标准文献是技术标准、技术规格和技术规则等文献的总称。它主要是对工农业产品和工程建设的质量、规格及其检验方法等方面所做的技术规定。分为国际标准、区域性标准、国家标准、行业标准、企业标准等。

标准文献具有一定的制订、审批程序；适用范围明确专一；编排格式、叙述方法严谨统一；对有关各方有约束性，在一定条件下具有某种法律效力；有一定的有效时间，需要随着技术发展而不断修订、补充或废除。

（8）政府出版物（Government Publication）

政府出版物是指各国政府部门及其专设机构所发表出版的文献。可分为行政性文件（国会记录、政府法令、政策、统计等）和科技文献（科普资料、技术政策等）。其中科技文献约占30%—40%左右，具有品种多、数量大，并且在未列入政府出版物前，往往已由所在单位出版过，因此与其他科技文献（如科技报告）有一定重复。

（9）公司产品资料（Company & Products Data）

公司产品资料是指各国厂商为推销产品而出版发行的商业性宣传资料。包括厂商介绍、产品目录、产品样本和产品说明书等，公司产品资料具有技术上比较成熟，数据比较可靠，有较多的外观照片和结构图，直观性强等特点，对科技人员选型和设计，引进国外设备仪器都有参考价值。

2. 生态学信息资源

近年来，随着网络信息技术和计算机技术的发展，传统的科学研究范式和学术信息环境正在面临根本性变革，科研人员的信息需求也发生了很大变化，电子资源成为获取信息的主要类型。通过对科研人员电子资源需求的调查分析发现[9]，科研人员对电子资源的使用呈现出许多新特点，表现在：

1）商业搜索引擎是科研人员获取信息的重要渠道。Google、Baidu等商业搜索引擎是当前科研人员的重要信息获取渠道，对比中外文资源，科研人员对外文搜索引擎的依赖性更强，Google是获取外文电子资源的首选渠道，占比达30.40%。

2）科研人员对电子资源的使用符合图书馆"二八定律"。科研人员对电子资源的使用呈现出与印本资源相似的规律，少量的电子资源支撑着科研人员最主要的信息需求。中国知网、万方数据库和维普数据库基本可以满足科研人员主要的中文电子资源需求。科研人员对外文电子资源的获取,除 Google 以外,还主要依靠 JSTOR、Elsevier Science Direct、EBSCO 等几大知名数据库来满足。

3)科研人员对电子资源的使用渠道呈现多元化趋势。科研人员对电子资源的使用渠道越来越多元化。从调查结果来看,他们经常使用的外文电子资源多达 535 种、中文资源多达 273 种,包括期刊、图书、数据、学位论文等类型。此外,国家图书馆、大学和科研机构图书馆以及一些机构和政府网站等也是科研人员获取信息的重要渠道。

4)开放获取资源已成为科研人员获取信息的重要渠道。科研人员对开放获取资源的使用频次也越来越高。在中文电子资源中,国家哲学社会科学学术期刊数据库的使用量排名第六,占比 14.55%;在外文电子资源中,机构知识库对科研人员的文献信息贡献力越来越大。

5)文献传递等资源共享服务开始受到科研人员的欢迎。

随着网络化、数字化的发展,科研人员资源需求和资源获取方式发生了根本的变化。生态学科研人员对资源的需求从依赖纸质资源向依赖电子资源变化,从依赖图书馆购买的电子资源向依赖搜索引擎变化。

生态学信息资源散落在不同介质的信息资源中,如纸质图书、期刊、电子数据库等。按照信息源不同可以将生态学信息资源划分为以下结构图:

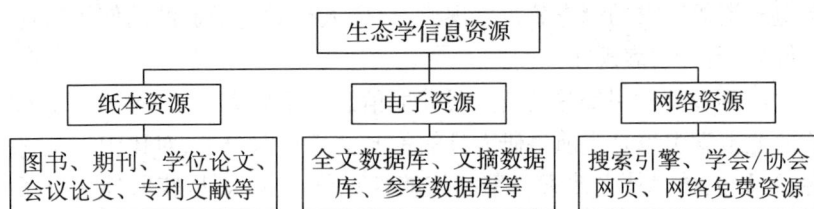

图 1-1　生态学信息资源来源

(1)纸本资源

纸本资源是以纸质材料作为知识和信息的载体,通过载体的流通从而达到知识和信息的传承和传播。纸本资源是指图书、特种文献、期刊、报纸等大家都熟悉的印刷型文献。纸本资源具有直观性,具有一定的物理介质形态,需要相当大的空间来收藏和存放。纸本资源的主要特征可以归纳为:实体性、存储性、集中性、共用性、有限性、收藏性和具有所有权和永久使用权[10]。

  读者可以通过书目检索系统如题名、作者、关键词、主题词等字段查询并快速定位纸本资源馆藏位置。此外,对本校图书馆没有馆藏的资源,读者还可以通过联合书目系统如 CALIS 联合书目、全国期刊联合书目系统、WorldCat 等查询资源的国内外馆藏情况。WorldCat 是 OCLC 公司(联机计算机图书馆中心)的在线编目联合目录,WorldCat 是世界范围图书馆和其他资料的联合编目库,同时也是世界最大的联机书目数据库,目前可以搜索 112 个国家的图书馆,包括近 9000 家图书馆的书目数据。读者可以通过 WorldCat 搜索书籍、期刊、光盘等等的书目信息和国内外图书馆馆藏地址。图 1-2 显示了 WorldCat 联合书目查询系统。

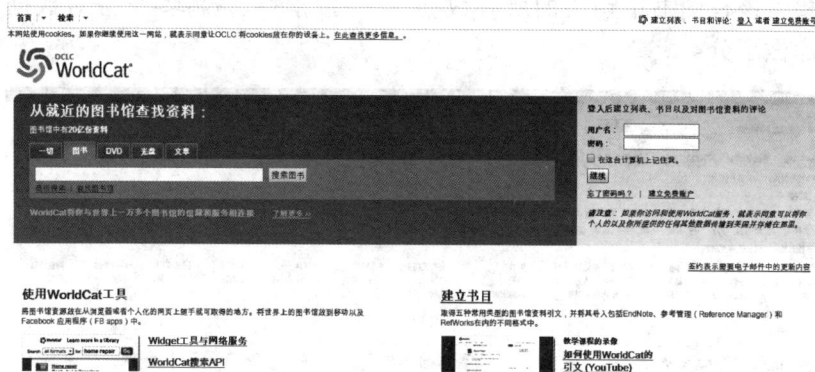

图 1-2 WORLDCAT 联合书目查询系统(http://www.libcat.bucknell.edu/)

(2)电子资源

  电子资源也称数字资源,是将计算机技术、通信技术及多媒体技术相互融合而形成的以数字形式发布、存取、利用的信息资源总和。

从数据的组织形式上看,有数据库、电子期刊、电子图书、网页、多媒体资料等类型。从资源提供者来看,可分为:商业化的数字资源和非商业化的数字资源。前者包括数据库商、出版商和其他机构以商业化方式提供的各种电子资源,如:Elsevier 公司的 SDOS、EBSCO 公司的 Academic Source Premier、中国期刊网等数据库,图书馆需要支付一定的费用后再提供给一定的读者群,或者读者个人通过读书卡和其他方式购买数据库的使用权。这些数字资源内容丰富、数据量大,是图书馆馆藏资源建设中的重要内容。后者主要指机构自建的特色资源库、开放获取资源、机构典藏和其他免费的网络资源,这些资源或者由图书馆自行建设,或者可以从网络上免费获取。

目前读者使用的电子资源主要是由各数据库商提供的商业数据库,由于数据库数量众多,涵盖学科、内容庞大,数据库来源于不同供应商,检索页面也有较大差异。为了方便读者对资源的分类有一个全面的认识,大多数高校图书馆均对数据库的资源类型、学科等做了导航。图 1-3 为华东师范大学图书馆电子资源导航页面,可检索该校图书馆购买的所有数据库,并按学科、资源类型等对数据库做了分类。

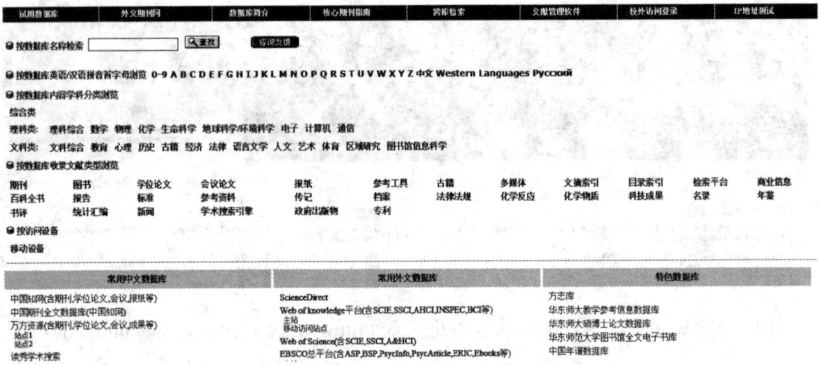

图 1-3 华东师范大学图书馆电子资源导航页面

（3）网络资源

1）学术搜索引擎

随着各大学术搜索引擎纷纷与高校图书馆资源对接,利用学术搜索引擎可以快速定位所需资源及其所在数据库,并可以直接链接至免费资源,从而使得学术搜索引擎成为科研人员最常使用的途径之一。图1-4显示利用百度学术搜索引擎获取的检索结果中,显示了文献来源数据库如商业数据库或免费资源。若所在图书馆已购买该数据则可直接链接至该数据库下载全文,如标有 FREE 标志,则表明该文献可以免费下载。

图1-4　百度学术搜索引擎检索结果页面

2）学会

学会是科学技术工作者的学术性群众团体,具有学术性、群众性的特点,是科技工作者横向联系的桥梁和纽带,是知识密集,人才荟萃的多层次、多方位、多学科的“人才库”和“思想库”,是广大会员的一种柔性结合。学会的社会职能是促进科学技术发展和进步。生态学的学会众多,但其中影响力最大的是各国的生态学学会及国际性的学会组织。

● 中国生态学学会 http://www.esc.org.cn/

　　中国生态学学会是由全国生态科学技术工作者自愿结成、依法成立的、非营利性的多学科、综合性学术社团,是发展我国生态学科技事业的重要社会力量,是中国科学技术协会的组成部分。中国生态学学会于1984年作为团体会员加入国际生态学会。

　　中国生态学学会于1979年12月在昆明成立,马世骏当选首任理事长,并连任第二届理事长,孙儒泳、陈昌笃、王祖望、李文华、王如松、刘世荣先后出任第三至第八届理事长。中国生态学学会现有会员9000余人,包括来自全国各地的生态学工作者、决策管理人员和企业家,及海外华人学者。学会下设农业生态、城市生态、数学生态、海洋生态、微生物生态、动物生态、化学生态、景观生态、湿地生态、种群生态、生态工程、长期生态、民族生态、生态健康与人类生态、污染生态、旅游生态、生态水文、中药资源生态、淡水生态、红树林生态、稳定同位素生态、生态遥感等专业委员会;设有青年、科普、教育、期刊、咨询工作委员会。主办有《生态学报》《应用生态学报》《生态学杂志》、*Journal of Forestry Research*、*Journal of Resources and Ecology*5种专业学术期刊。

　　● 国际生态学协会(International Association of ecology,INTECOL)

　　国际生态学协会作为国际生物科学协会的生态学部于1967年成立。国际生态学协会的职责是:促进生态科学的发展以及生态学的原理应用于全球的需要,特别是通过国际合作来实现这个目标。

　　20世纪60年代,由于全球环境问题的突出和加剧,引起了人们对生态问题的关注和对生态学的重视与厚望。"人与生物圈"(Man And Biosphere,MAB)和"国际生物学计划"(International Biological Programme,IBP)两个国际性的生态学合作项目就是在当时提出和实施的。这两个国际项目不但在解决全球环境问题中做出了巨大贡献,也为世界生态学家们的合作与交流提供了最好的机会,并且为国际生态学会的建立创造了条件。生态学家们认识到,只有一个地球,许多重大生态问题是全球性的,生态学家在解决生态与环境问题中需要交流和合作,因而,建立生态学家自己的学术团体的时机已经成熟。在这种背景下,1967 年成立了国际生态学会(The International Association for Ecology,INTECOL)。它很快为国际社会所承认,并作为"普通生态学(General Ecology)"分会,加入了国际生物科学联合(IUBS)会。

国际生态学会每 4 年召开一次国际生态学会议(International Congress of Ecology),会议在交流生态学成就、讨论生态学热点问题、探讨生态学发展方向等方面发挥了重要作用,也是生态学家们交流和联络的最佳时机,所以特别为各国生态学家所重视。从成立到现在,先后在荷兰、以色列、美国、德国、日本、英国、意大利等国家召开了 7 届会议,每次会议都有一个主题。

● 国际景观生态协会(International Association of Landscape Ecology,IALE)

国际景观生态学协会(IALE)的目的是发展景观生态学,并利用该学科对世界景观进行分析、规划和管理。该协会提倡通过科学、学术和教育交流活动,进行国际交流和各学科间的合作。

● 美国生态学协会(Ecological Society of America,ESA)

美国生态学会成立于 1915 年,是一个非营利性、非团体、党派的科学组织,旨在:加强生态学家之间的交流以发展生态科学;提高公众对生态科学重要性的认识;增加供生态科学研究用的资源;加强生态学会、团体与决策者之间的沟通,促使决策者在制订环境政策时合理运用生态科学;生态学是一门以研究生物有机体与其过去、现在以及未来环境之间的关系为主要对象的科学。这些相互关系包括个体的生理学反应,种群结构和功能,不同物种间的相互关系,生物群落的组成,及生态系统中能量与物质循环过程等问题。

美国生态学会出版了一系列刊物,从同行评议期刊到时事通讯、内容说明、教学资源一应俱全。旗下期刊有:《生物圈》(*Ecosphere*)、《生态学》(*Ecology*)、《生态学专论》(*Ecological Monographs*)、《生态学应用》(*Ecological Applications*)、《生态学与环境前沿》(*Frontiers in Ecology and the Environment*)、《美国生态学会简报》(*Bulletin of the Ecological Society of America*)。

● 英国生态学协会(British Ecological Society,BES)

英国生态学会建立于 1913 年,为世界是建立最早的生态学会,现有 5000 多会员,分布于 50 多个国家和地区。会员包括教师、著名生态学家、研究人员、环境和生物保护家、管理者、环境顾问、学生及对生态学感兴趣者。学会的目的是通过研究、出版物、和会议推进生态科学的发展,利用研究结果教育公众,影响政府决策,使决策中包含和涉及生态学原理。学会还有责任和义务将生态科学作为自然保护、合理的环境管理、可持续发展的基础。为了方便交流和讨论,学会分设水生生态、保护生态、生态模拟、森林生态、生态遗传、泥炭生态、植物环境生理、生态教学和热带生态 9 个组。

学会每年召开年会(BES Annual Symposium)、冬季会议(BES Winter Meeting)和特别专题会议等。每次会议除了主要议题外,讨论的内容几乎涉及所有的生态学分支,包括了理论、方法、应用等多方面的问题,这也表明了英国在生态学研究方面雄厚的基础和强大的力量。另外,通过英国生态学会的网址也可了解其他各国学会的一些情况。

该学会出版的正式刊物有 4 种,即 *Journal of Ecology*,*Journal of Animal Ecology*,*Journal of Applied Ecology* 和 *Functional Ecology*,其中 *Journal of Ecology* 影响最大,是国际著名的生态学刊物之一,它以植物生态方面的研究论文为主,双月刊,这也表明英国在植物生态方面具有优势和特色。*Journal of Animal Ecology* 也是著名的刊物,以发表动物生态研究论文为主。

● 澳大利亚生态学会(Ecological Society of Australia,ESA)

澳大利亚生态学协会致力于促进生物体与环境之间关系的科学研究,鼓励应用生态学原理于发展以及澳大利亚自然资源的利用与保护。

● 国际微生物生态学协会(International Society for Microbial Ecology,ISME)

国际微生物生态学协会成立于 1998 年 9 月,是一个非营利性的科学教育组织。其任务就是通过多种方式(如组织科学会议、资助出版刊物、促进教育研究、鼓励科学家之间的交流等），促进微生物生态学领域的信息交流。

3）网络免费资源

20 世纪 90 年代末，开放存取（Open Access，OA）运动，在国际学术界、出版界、信息传播界和图书情报界大规模地兴起，其初衷是解决当前的"学术期刊出版危机"，推动科研成果利用因特网自由传播，促进学术信息的交流与出版，提升科学研究的公共利用程度，保障科学信息的长期保存。开放存取运动使得作者和版权人允许用户免费获取、拷贝或传播其数字化信息，其前提是尊重其版权。开放存取运动使得大量文献发表在开放存取期刊上，从而使得读者可以免费获取这些资源。如 GOOA 免费期刊平台的 Applied Water Science，Ecological Processe。

参考文献

［1］殷丛丛，张艺瀛.大学学科排名对我国学科建设的启示［J］.高教研究与实践，2011（3）：54—57.

［2］教育部学位与研究教育发展中心［EB/OL］.［2016 – 11 – 22］.http://www.cdgdc.edu.cn/xwyyjsjyxx/xxsbdxz/.

［3］2017 年 US NEWS 世界大学排名　环境与生态学专业排名［EB/OL］.［2016 – 11 – 22］.https://www.usnews.com/education/best – global – universities/search?region = &subject = environment – ecology&name = .

［4 – 5］章家恩，骆世明，秦钟，等.我国高校生态学专业建设与人才培养方向探讨［J］.应用生态学报，2009（7）：1630—1634.

［6 – 7］袁建立，储诚进.中美生态专业本科生培养方案对比［J］.高等理科教育，2013（5）：46—50.

［8］辛国荣，胡文武，余世孝，等.中山大学生态学本科专业建设和课程改革的探索［J］.高校生物学教学研究（电子版），2014，4（1）：38—42.

［9］孔青青.科研人员电子资源需求调查分析［J］.图书情报工作，2016（10）：47—54.

［10］张淑华.浅谈图书馆纸质资源与电子资源的建设［J］.科技情报开发与经济，2013（20）：81—83.

第二章 生态学纸质资源

第一节 生态学图书资源

生态学分支众多,自该学科成立以来,国内外出版了大量专著,本书在云南大学精品课程《普通生态学》[1]和华中农业大学精品课程《生态学》[2]所推荐的参考书目的基础上,删减并增加了部分经典书目,提供了以下参考书目给生态学科读者作为学习生态学基础的推荐书目,不同研究方向的读者可以根据个人需求有选择的阅读(表2-1)。

表2-1 生态学推荐书目

作者	题名	出版地	出版者	出版年
Allen T F H, Starr T B	Hierarchy: Perspectives for Ecological Complexity	Chicago	University of Chicago Press	1982
Anderson R M, Turner B R, Taylor L R	Population Dynamics	London	British Ecology Society	1979
Avis J C, Molecular Markers	Natural History and Evolution	New York	Chapman Hall	1994
Bannister P	Introduction to Physiological Plant Ecology	Oxford	Blackwell Sciences	1976
Bartell S M, Gardner R H, O'Neill R V	Ecological Risk Estimation	Michigan	Lewis Publishers	1992

续表

作者	题名	出版地	出版者	出版年
Beck W S,Liem K F, Simpson G G	Life:An Introduction to Biology,3rd Edition		Harper Collins Publishers	1991
Begon M, Haper J L,Townsend C R	Ecology-Individuals Populations and Communities,3rd Edition	Oxford	Blackwell Sciences	1996
Berry R J, Crawford T J, Hewitt G M	Genes in Ecology	Oxford	BES and Blackwell	1992
Bishop J A, Cook L M	Genetic consequences of man made change	London, New York and San Francisco	Academic Press	1980
Bradshaw AD, Chadwick M J	The Restoration of Land	Oxford	Blackwell Sciences	1980
Braun-Blanquet J	Plant Sociology:The Study of Plant Communities	New York	McGraw-Hill	1932
Briggs D, Walters S M	Plant variation and Evolution, 3rd Edition	Cambridge	Cambridge University Press	1997
Brown A D H, Clegg M T	Plant Population Genetics, Breeding, and Genetic Resources		Sinauer	1994
Bulmer M	Theoretical Evolutionary Ecology	Sunderland	Sinauer Associates	1994
Cairns JJ	The Recovery Process in Damaged Ecosystems	Michigan	Ann Arbor Science Publishers	1980

续表

作者	题名	出版地	出版者	出版年
Carvalho G R	Advances in Molecular Ecology	Amsterdam	IOS Press	1998
Chapman S B	Method in Plant Ecology	Oxford	Blackwell Sciences	1976
Clapham G J	Human Ecosystem	New York	MacMillian Publishers	1981
Clements F E	Plant Succession and Indicators	New York	Wilson	1936
Cox G W, Atkins M D	Agricultural Ecology	San Francisco	W. H. Freeman	1979
Cox C P, Moore P D	Biogeography – An Ecological and Evolutionary Approach, 5th Edition	Oxford	Blackwell Sciences	1993
Crawley M J	Plant Ecology	Oxford	Blackwell	1986
Darwin C	Origin of Species	London	Murray	1859
Dobzhansky T H	Genetics of the Evolutionary Process	New York	Columbia University Press	1970
Dodson S (ed)	Ecology		Oxford University Press	1998
Etherington J R	Environment and Plant Ecology, 2nd edition	New York	John Wiley & Sons	1982
Falconer D S	Introduction to Quantitative Genetics, 3rd Edition		Longman Scientific & Tech-nical	1989
Ferraris J D, Palumbi S R	Molecular Zoology: Advances, Strategies and Protocols	New York	Wiley-Lisss	1996
Forman R TT, Shmida A	Landscape Ecology	New York	John Wiley	1986

续表

作者	题名	出版地	出版者	出版年
Crawley M J	Plant Ecology	Oxford	Blackwell	1986
Foy C D	Origins and Development of Adaptation		Pitman Publishing Ltd	1984
Futuyma D J	Evolutionary Biology, 3rd Edition	Sunderland	Sinauer Associates	1998
Futuyma D J	Science on Trial: The Cause for Evolution	Sunderland	Sinauer Associates	1995
Gates D M	Climate Change and its Biological Consequences	Sunderland	Sinauer Associates	1993
George E, Taylor J R, Louis FPitelka, Michael T Clegg	Ecological genetics and Air Pollution	New York	Springer-Verlag	1990
Gilpin M E, Hanski I	Metapopulation Dynamics	London	Academic Press	1991
Gore Al E	Earth in the Balance: Forging a New Common Purpose	London	Earthscan Publications Ltd	1992
Gotelli Nicholas J	A Primer of Ecology. 2nd Edition		Sinauer Association	1998
Grime J P	Plant Strategies and Vegetation Processes	Chichester	Wiley	1979
Harborne J B	Introduction to Ecological Biochemistry	New York	Academic Press	1977
Harper J L	The Population Biology of Plants	London	Academic Press	1977

续表

作者	题名	出版地	出版者	出版年
Heywood，V. H. Cambridge	Global Biodiversity Assess-ment		UNEP and Ca-mbridge University Press	1995
Hoffmann A A, Parsons P A	Extreme Environment Change and Evolution	Cambridge	Cambridge University Press	1993
Hutchinson G E	The Ecological Theater and the Evolutionary Play	Newhaven	Yale University Press	1965
Jordan W R, Gilpin M E, Aber J D	Restoration Ecology	Cambridge	Cambridge University Press	1993
Kareiva P M, Kingsolver J G, Huey R B	Biotic Interactions and Global Changes	Sunder-land	Sinauer Associates	1993
Kormondy El J	Concepts of Ecology,4th Edi-tion	Englewood Cliffs	Prentice Hall	1996
Krebs C J	Ecology：The Experimental A-nalysis of Distribution and A-bundance	New York	Harper & Row	1992
Krebs J R, Davis N B	Behavioural Ecology：An Eco-logical Approach	Oxford	Blackwell Science	1978
Krebs C J	Ecology,4th edition	New York	Harper Collins	1994
Lang O L	Physiological Plant Ecology III：Response to the Chemical and Biological Environment	Berlin, New York	Springer-Verlag	1989
Larcher W	Physiological Plant Ecology, 5th Edition	Berlin	Springer	1997

续表

作者	题名	出版地	出版者	出版年
Levitt J	Responses of Plants to Environmental Stress. 2nd edition	New York	Academic Press	1980
Lundegardh H	Environment and Plant Development	London	Arnold	1931
MacArthur R H	Geographical Ecology	New York	Harper	1972
Mansfield T H	Effects of Air Pollutants on Plants	Cambridge	Cambridge University Press	1976
May R M	Theoretical Ecology: Principles and Applications	Oxford	Blackwell Sciences	1976
Mcarthur R, Wilson E Q	The Theory of Island Biogeography	Preceton	Princeton University Press	1967
McIntosh R P	The Background of Ecology: Theories and Concept	Cambridge	Cambridge University Press	1985
Merrell D J	Ecological Genetics	London	Longman	1981
Molles Manuel C	Ecology		McGraw-Hill	1999
Mooney H A, Fadi Castri	Mediterranean-type Ecosystem	Berlin	Springer	1973
Newman C M, Charles H J	Ecotoxicology-A Hierachical Treatment	New York	Lewis	1997
Niklas K J	The Evolution Biology of Plants	Chicago	The University of Chicago Press	1997
Odum E P	Fundamentals of Ecology, 5th Edition	Philadelphia	Saunders	1989
Pianka E R	Evolutionary Ecology, 3rd Edition	New York	Harper and Row	1997

续表

作者	题名	出版地	出版者	出版年
Pollard J W	Evolutionary Theory：Paths into the Future	Chichester	Wiley	1984
Randall A	Resource Economics：An Economic Approach to Natural Resource and Environmental Policy	New York	John Wiley & Sons	1989
Raven P H, Evert R F, Eichorn S E	Biology of Plants, 5th Edition	New York	Worth publishing Co	1992
Rice E R	Allelopathy	New York	Academic Press	1974
Ricklefs Robert E	Ecology. 4th edition		W. H. Freeman & Company	1999
Rose M R, Lauder G V	Adaptation	San Diego	Academic Press	1996
Rosenberg N J	Microclimate：the Biological Environment	Chichester	Wiley	1974
Schierwater B, Streit B, Wagner G P	Molecular Ecology and Evolution：Approaches and Applications	Basel and Boston	Birkhauser Verlag	1994
Scholze F, Gregorius H R	Genetic Effects of Air Pollution in Forest Tree Populations.	Berlin	Springer-Verlag	1988
Schulze E. D and Mooney H A	Biodiversity and Ecosystem Function	Berlin	Springer	1994

续表

作者	题名	出版地	出版者	出版年
Shorrocks B	Evolutionary Ecology, 23rd Symposium of the British Ecology Society, Leeds	London	Blackwell	1982
Smith R L	Ecology and Field Biology, 3rd Edition	New York	Harper	1980
Smith T M, Shugart H H, Woodward F I	Plant Functional Types: Their Relevance to Ecosystem Properties and Global Changes	Cambridge	Cambridge University Press	1997
SmithRobort Leo	Elements of Ecology, 4th edition		Addison-Wesley (Benjamin / Cummings)	1998
Sorbrig O T, Solbrig D C	An Introduction to Population Biology and Evolution	Reading	Addison-Wesley	1979
Spellerberg I F	Monitoring Ecology Change	Cambridge	Cambridge University Press	1994
Stiling P	Ecology: Theories and Applications, 3rd edition		Prentice Hall	1998
Tansley A G	The British Isles and their Vegetation	Cambridge	Cambridge University Press	1939
Tibbits T W, Kozlowski T T	Controlled Environment Guidelines for Plant Research	New York	Academic Press	1979
Tilman D	Plant Strategies and the Dynamics and Structure of Plant Communities	Princeton	Princeton University Press	1988
Townsen C R, Calow P	Physiological Ecology: An Evolutionary Approach to Resource Use	Oxford	Blackwell Sciences	1981

续表

作者	题名	出版地	出版者	出版年
Treshow M	Environment and Plant Response	New York	McGraw-Hill	1970
Turner R K, Pearce D, Bateman I	Environmental Economics: An Elementary Introduction	Baltimore	The John Hop-kins University Press	1993
Van Dyne G M	The Ecosystem Concept in Natural Resource Management	New York	Academic Press	1969
Vernberg F J	Physiological Adaptation to the Environment	New York	Intex	1975
Vesilind P A	Environmental Pollution and Control, 10th Printing	Michigan	Ann Arbor Science	1981
Wallace A	Mechanisms of Morphological Evolution: A Combined Genetic, Developmental and Ecological Approach	Chichester, New York	John Wiley & Sons	1984
Walter H	Vegetation of the Earth	Berlin	Springer	1979
WCMC	Global Biodiversity: Status of the Earth's Living Resources	Cambridge	Chapman and Hall	1992
Whittaker R H	Communities and Ecosystem	New York	McMillian	1976
Whittaker R H	Ordination of Plant Communities.	The Hague	Junk	1973
Wilson E O	The Diversity of Life	Cambridge	Harvard University Press	1992
Zonneveld I S S P B	Landscape Ecology: An Introduction to Landscape Ecology as a Base for Land Evaluation, Land Management and Conservation	Hague	Academic Publishing	1995

续表

作者	题名	出版地	出版者	出版年
蔡晓明	生态系统生态学	北京	科学出版社	2000
陈阜	农业生态学	北京	中国农业大学出版社	2002
陈化鹏,高中信	野生动物生态学	哈尔滨	东北林业大学出版社	1993
陈家宽,杨继	植物进化生物学	武汉	武汉大学出版社	1994
陈坚	环境生物技术	北京	中国轻工出版社	1999
陈灵芝	中国的生物多样性——现状及其保护对策	北京	科学出版社	1993
程福钻	环境经济学	北京	高等教育出版社	1993
池振明	微生物生态学	济南	山东大学出版社	1999
东北林学院	森林生态学	北京	中国林业出版社	1981
窦伯菊	生态学与人类生活	呼和浩特	内蒙古人民出版社	1983
方精云	全球生态学	北京	高等教育出版社	2000
傅伯杰	景观生态学原理及应用	北京	科学出版社	2001
何景	植物生态学	北京	高等教育出版社	1957
韩湘玲	作物生态学	北京	气象出版社	1991
华东师范大学	动物生态学	北京	人民教育出版社	1982
黄思铭,欧晓昆,杨树华等	刚性的约束——生态综合评价考核指标体系研究	北京	科学出版社	1997
姜学民,徐志辉	生态经济学通论	北京	中国林业出版社	1993
蒋志刚,马克平,韩兴国	保护生物学	杭州	浙江科学技术出版社	1997

续表

作者	题名	出版地	出版者	出版年
金岚	环境生态学	北京	高等教育出版社	1992
乐天宇	植物生态学	北京	高等教育出版社	1965
冷平生	园林生态学	北京	气象出版社	2003
李博,弓耀明,高玉葆等	普通生态学	呼和浩特	内蒙古大学出版社	1993
李博,林鹏	生态学	北京	高等教育出版社	1999
林鹏	植物群落学	上海	上海科学技术出版社	1986
林鹏	中国红树林生态学	北京	科学出版社	1997
刘国城	生态平衡浅说	北京	中国林业出版社	1982
刘建国	当代生态学博论	北京	中国科学技术出版社	1992
马世俊	现代生态学透视	北京	科学出版社	1990
马世俊	中国生态学发展战略研究	北京	中国经济出版社	1991
彭少麟	南亚热带森林群落动态学	北京	科学出版社	1994
彭奕欣,黄识笺	进化生物学	武汉	武汉大学出版社	1997
钦佩,安树青,颜京松	生态工程学	南京	南京大学出版社	1998
曲仲湘,吴玉树,王焕校等	植物生态学	北京	高等教育出版社	1987
尚玉昌,蔡晓明等	普通生态学	北京	北京大学出版社	1992
尚玉昌	行为生态学	北京	北京大学出版社	1998

续表

作者	题名	出版地	出版者	出版年
四川师范学院，山东大学等	生态学概论	济南	山东大学出版社	1989
宋永昌	植被生态学	上海	华东师范大学出版社	2001
宋永昌，由文辉，王祥荣	城市生态学	上海	华东师范大学出版社	2000
苏智先，王仁卿等	生态学概论	北京	高等教育出版社	1993
孙儒泳，李博，诸葛阳等	普通生态学	北京	高等教育出版社	1993
孙儒泳	动物生态学原理	北京	北京师范大学出版社	1987
孙儒泳	生态学与人类	哈尔滨	黑龙江科学技术出版社	1982
孙儒泳等	近代生态学	北京	科学出版社	1986
王伯荪，李鸣光，彭少麟	植物种群生态学	广州	广东高等教育出版社	1995
王伯荪，彭少麟	植被生态学	北京	中国环境科学出版社	1997
王焕校	污染生态学	北京	高等教育出版社	2000
王焕校	污染生态学基础	昆明	云南大学出版社	1990
王如松，李鸣光，彭少麟	植物种群学	广州	广东高等教育出版社	1995
吴征镒	中国植被	北京	科学出版社	1980
武吉华，张绅	植物地理学	北京	高等教育出版社	1983

续表

作者	题名	出版地	出版者	出版年
肖笃宁	景观生态学——理论、方法和运用	北京	中国林业出版社	1991
徐风翔	森林生态系统与人类	北京	中国林业出版社	1982
徐汝梅	昆虫种群生态学	北京	北京师范大学出版社	1987
许涤新	生态经济学	杭州	浙江人民出版社	1989
阳含熙,卢泽愚	植物生态学的数量分类方法	北京	科学出版社	1981
于志熙	城市生态学	北京	中国林业出版社	1992
张福锁	环境胁迫与植物根际营养	北京	中国农业出版社	1999
张金屯	植被数量生态学方法	北京	中国科学技术出版社	1995
张昀	生物进化	北京	北京大学出版社	1998
赵儒林,洪必恭	植物生态学概要	南京	江苏科学技术出版社	1983
赵铁桥	系统生物学的概念与方法	北京	科学出版社	1995
郑师章,吴千红,王海波等	普通生态学——原理、方法和运用	上海	复旦大学出版社	1994
周纪伦,郑师章,杨持	植物种群生态学	北京	高等教育出版社	1992
祝廷成,董厚德	生态系统浅说	北京	科学出版社	1982
祝廷成,钟章成,李建东	植物生态学	北京	高等教育出版社	1988
祖元刚,孙梅,康乐	分子生态学理论、方法和应用	北京	高等教育出版社和施普林格出版社	1999

第二节　生态学期刊资源

85%以上的科学技术研究成果是以期刊论文的形式出版发行的,对学术论文的评价主要是基于所刊载期刊的影响力。期刊影响力是指期刊在国内外研究同行中的影响程度,评价指标主要有是否为核心期刊、期刊被国际著名检索系统收录的情况、影响因子大小、被引频次等[3]。

1. 期刊评价指标

（1）核心期刊

核心期刊指那些发表基金论文数量相对较多、被读者利用次数较高、网络用户点击较多、二次文献转稿篇数较多或被国外重要数据库收录较多的期刊,它们刊载的学术论文学术影响力较高,是该学科领域内主要成果的传播载体。核心期刊筛选的理论依据主要是布拉德福的论文分布定律,即某一学科的2/3的论文刊载在少数期刊上,而其余1/3的文章则分散在大量期刊上。因此利用文献计量学方法分析得到少数信息密度大、载文量多的期刊就被称为核心期刊[4]。

20世纪90年代,核心期刊概念进入我国,随着学术期刊的繁荣发展,核心期刊的影响力也逐渐扩大。为能够准确反映期刊学术水平,科学制定核心期刊目录,相关学者已初步建立了一套相对完整的核心期刊评价体系。目前,国内许多评价机构测评方法大体一致,均以定量与定性评价相结合的方式对国内目前6000余种学术期刊进行综合评价,但各机构在来源期刊选择、权重分配以及具体评价流程等方面却存在较大差异。目前,北京大学图书馆编辑的《中文核心期刊要目总览》（以下简称《总览》）、南京大学中国社会科学研究评价中心开发研制的《中文社会科学引文索引》（以下简称CSSCI）、中国科学院文献情报中心编制的中国科学引文数据库（以下简称CSCD）,以及武汉大学中国科学评价研究中心发布的《中国学术期刊评价研究报告》（以下简称RCCSE）均为国内主要的核心期刊测评系统。这四种核心期刊评价方式基本内容见下表[5]。

表 2-2　国内主要核心期刊测评系统评价体系对比表

	评价指标	指标权重	评价方法	数据统计源	更新频率
中文核心期刊要目总览(2011年版)	9 种：被索量、被摘量、被引量、他引量、被摘率、影响因子、被国内外重要检索工具收录、基金论文比、Web 下载量	被索量 0.01、被摘量 0.08、被引量 0.15、他引量 0.25、被摘率 0.10、影响因子 0.32、被国内外重要检索工具收录 0.05、基金论文比 0.03、Web 下载量 0.01	模糊数学法、定量与定性相结合法	中国人文社会科学引文数据库、中国科学引文数据库、复印报刊资料、中国社会科学文摘、新华文摘、SCI 等 14 400 余种	从 2011 年开始三年一次
中文社会科学引文索引（CSSCI）（2014 ~ 2015）	以总引频次、影响因子即年指标为主	依据期刊的"他引影响因子"和"总被引频次"两项指标,指标权重分别为 0.8 和 0.2	模糊数学法、定量与定性相结合法	来源期刊为 533 种,扩展版来源期刊为 189 种,收录集刊 145 种	一年
中国科学引文数据库（CSCD）（2013 ~ 2014）	主编、编委会、著者、机构、期刊影响力（被引频次、影响因子、即年指标、被引半衰期等）	对总被引频次、学科引用频次、期刊影响因子期刊他被引率四项指标进行标准化处理,再乘以相应的权重	模糊数学法、定量与定性相结合法:由中国科学引文数据库(CSCD)定量遴选学科专家评审和中国科学引文数据库来源期刊遴选委员会的评议	收录期刊 1141 种,期刊中国出版的英文期刊 125 种,中文期刊 1016 种	两年

续表

	评价指标	指标权重	评价方法	数据统计源	更新频率
中国学术期刊评价报告（RCCSE）（2013 ~ 2014）	5 种,web 即年下载率、总被引频次、影响因子、二次文献转载量、基金论文比	基金论文比：0.15、总被引频次：0.20、影响因子：0.35、web 即年下载量：0.05、二次文献转载或收录：0.20、专家定性评价:0.05	模糊数学法、定量与定性相结合法:定量评价对各单项评价指标得分所占的权重进行统计计算；对定量评价给出的各学科排名前列 30% 的预选"核心期刊"进行评分	通过对中国大陆出版的一次性学术期刊与半学术期刊,并通过万方数据、中国知网及期刊编辑部途径,最终确定种期刊作为来源期刊	一年

（2）影响因子

影响因子作为国际通行的期刊评价指标,由尤金·加菲尔德博士于 1972 年提出,其依据是参考文献的评价功能。参考文献是论著的重要组成部分,它反映的是行文的科学依据,也是著者尊重他人研究成果的一种表示。作者著录参考文献,也是对被引用论著所做的评价,参考文献由此也就获得了评价功能[6]。因而,通过对参考文献的统计和计算得到的影响因子是一种最直接体现引文关系的期刊评价指标[7],也是国际上较为流行的筛选核心期刊的重要指标之一。

影响因子（impact factor）,指期刊所载论文的平均被引率。具体的算法是:该刊前两年论文被引用的次数除以前两年所发的论文总数。影响因子指标的运用,可以消除期刊之间由于载文量不同或质量不等,所造成的对期刊被引率的影响,便于对不同期刊相关指数进行比较[8]。一般来说,期刊的影响因子越大,它的影响力和学术作用也越大,亦可认为其质量就越高。ISI 每年都会统计其来源刊物的影响因子并排序。尽管影响因子是针对学术期刊影响力而言,但与所刊载的论文质量密不可分。

2. 期刊评价源

(1)《中文核心期刊要目总览》

中文核心期刊要目总览,俗称"北大核心期刊目录",是由北京大学设立的机构管理。1992 年首次出版,该目录每 4 年为一周期,对现行刊物重新评价、审定后,发布最新目录。其主要依据是布拉德福的论文分布定律,即某学科的 2/3 的论文刊载在少数期刊上,利用文献计量学方法分析得到少数信息密度大、载文量多的期刊即为核心期刊。2012 年,最新版《中文核心期刊要目总览》在原有基础上改进了评价方法,依据文献计量学方法和原则,采用了被索量、被摘量、被引量、他引量、被引率、获国家奖及国内外检索系统收录、Web 下载量等多项指标,且增加了专家评审力度,从我国现行出版的刊物中共挑选出 1900 余种列入该目录。该目录 2012 版分为七大编 70 多个学科目录,具体分为第一编哲学、社会科学、政治、法律类,第二编经济类,第三编文化、教育、历史,第四编自然科学,第五编医药、卫生,第六编农业科学,第七编工业技术,且每一类别下用中图分类法索引。从网络上可搜索获得该目录。

(2)中国科学引文数据库

中国科学引文数据库(Chinese Science Citation Database,简称 CSCD)创建于 1989 年,1995 年 CSCD 出版了我国的第一本印刷本《中国科学引文索引》,1998 年出版了我国第一张中国科学引文数据库检索光盘,1999 年出版了基于 CSCD 和 SCI 数据,利用文献计量学原理制作的《中国科学计量指标:论文与引文统计》,2003 年 CSCD 上网服务,推出了网络版。该数据库收录我国数学、物理、化学、天文学、地学、生物学、农林科学、医药卫生、工程技术和环境科学等领域出版的中英文科技核心期刊和优秀期刊千余种。中国科学引文数据库内容丰富、结构科学、数据准确。系统除具备一般的检索功能外,还提供新型的索引关系——引文索引,使用该功能,用户可迅速从数百万条引文中查询到某篇科技文献被引用的详细情况,还可以从一篇早期的重要文献或著者姓名入手,检索到一批近期发表的相关文献,对交叉学科和新学科的发展研究具有十分重要的参考价值。中国科学引文数据库还提供了数据链接机制,支持用户获取全文。

CSCD 数据库以网络资源形式有偿使用,被众多高校购买,在其授权范围内的用户可获得访问权限。数据库主要包括两个主要功能,来源文献检索和引文检索功能。来源文献指被 CSCD 系统所收录的期刊中的论文,以此为依据可查询某篇论文是否为 CSCD 核心期刊论文。引文检索功能用于查找被 CSCD 核心期刊论文所引用的论文情况。通过上述两个功能可以分别判断某论文是否为核心期刊论文,某论文被核心期刊论文引用的情况。来源文献检索功能提供作者、题名、刊名等检索字段供选择,可限定论文年份;引文检索功能提供被引作者、被引来源(指刊名、书名,而非题名)等检索字段供选择,可限定论文被引年份、发表年份等条件。

(3)《中文社会科学引文索引》(CSSCI)

中文社会科学引文索引(Chinese Social Sciences Citation Index,简称 CSSCI)是由南京大学中国社会科学研究评价中心开发研制的引文数据库,用来检索中文人文社会科学领域的论文收录和被引用情况。来源文献指被 CSSCI 系统所收录的期刊中的论文,以此为依据可查询某篇论文是否为 CSSCI 核心期刊论文。引文检索功能用于查找被 CSSCI 核心期刊论文所引用的论文情况,包括施引文献次数及详细题录信息。通过上述两个功能可以分别判断某论文是否为核心期刊论文、某论文被核心期刊论文引用的情况。

(4)SCI,SSCI,ISTP,ISSHP

SCI(Science Citation Index)是由美国科学情报研究所(ISI)1961年创办出版的引文数据库。SCI 是一部国际性索引,包括有:自然科学、生物、医学、农业、技术和行为科学等,主要侧重基础科学。所选用的刊物来源于 94 个类、40 多个国家、50 多种文字,这些国家主要有美国、英国、荷兰、德国、俄罗斯、法国、日本、加拿大等,也收录一定数量的中国刊物。SCI 每年发布其最新收录的期刊目录。与其相应的扩展版数据库 SCI-Expand(SCIE)收录范围更广,其中也包含了影响因子很高的期刊,其目录也是每年发布一次,且 SCI 所依赖的 Web of Knowledge 检索平台中提供的为 SCIE 数据库,因此 SCIE 如今也被普遍使用,在无特殊说明的情况下,SCI 检索即指 SCIE 数据库的检索。

SSCI(Social Sciences Citation Index)是 SCI 的姊妹数据库,也是由美国科学情报研究所(ISI)所建,是与 SCI 相对应的人文社科类的国际核心期刊索引数据库。SSCI 收录的期刊目录每年更新。与 SSCI 相应的同样有扩展版的 SSCIE,其目录也是每年发布一次。

与 SCI、SSCI 期刊相呼应的还有会议论文索引数据库 ISTP、ISSHP,同样由美国科学情报研究所编辑出版。ISTP(Index to Scientific & Technical Proceedings),收录生命科学、物理与化学科学、农业、生物和环境科学、工程技术和应用科学等学科的会议文献,包括一般性会议、座谈会、研究会、讨论会、发表会等。其中工程技术与应用科学类文献约占 35%,其他涉及学科基本与 SCI 相同。该数据库如今整合到 CPCI-S(Conference Proceedings Citation Index-Science)中。

ISSHP(Index to Social Sciences&Humanities Proceedings)收录了来自于社会科学、艺术、与人文领域的所有学科,包括:心理学、社会学、公共健康、管理学、经济学、艺术、历史、文学与哲学等领域的会议,以及包括专著、期刊、报告、增刊及预印本等形式出版的各种一般会议、座谈、研究会和专题讨论会的会议录文献。该数据库如今整合到 CPCI-SSH(Conference Proceedings Citation Index-Social Science & Humanities)

上述数据库均通过 Web of Knowledge 平台提供检索功能,检索时只需要选择所需的具体数据库即可,检索方法基本相同。购买相应的数据库后即获得访问权限,目前国内高校多购买 SCI、SSCI 数据库,部分高校购买了会议论文索引库。以 SCI 为例,该数据库同样包括来源文献查询和被引文献查询两个功能。来源文献查询即查询被 SCI 收录的论文,其检索界面和普通文摘数据库一样提供标题、作者、主题等功能检索。被引参考文献检索功能用于查找被 SCI 核心期刊论文所引用的论文情况,包括施引文献总次数及详细题录信息。

（5）EI

EI(Engineering Index)是与 SCI、ISTP 齐名的世界著名的三大科技文献检索系统,是国际公认的进行科学统计与科学评价的主要检索工具。该索引创刊于 1884 年,是美国工程信息公司出版的著名工程技术类综合性检索工具。其网络数据库检索平台 EI Village 收录了选自5000 多种工程类期刊、会议论文集和技术报告的 7 000 000 多篇论文的摘要。其范围涵盖了工程和应用科学领域的各个学科,可检索到1969 年至今的文献。该数据库通过购买获得访问权限。目前,我国众多高校也购买了该数据库。

3. 生态学 CSCD 来源期刊

中国科学引文数据库(CSCD)来源期刊每两年遴选一次。每次遴选均采用定量与定性相结合的方法,定量数据来自于中国科学引文数据库,定性则通过聘请国内各学科领域的专家对期刊进行评审。定量与定性综合评估结果构成了中国科学引文数据库来源期刊。2015—2016 年 CSCD 收录与生态学相关期刊如表 2 - 3 所示。

表 2 - 3　2015—2016 年生态学 CSCD 来源期刊表

期刊名称	ISSN
Biophysics Reports	1000 – 6737
China City Planning Review	1002 – 8447
Forest Ecosystems	2095 – 6355
Frontiers in Biology	1674 – 7984
Frontiers of Environmental Science & Engineering	2095 – 2201
International Journal of Disaster Risk Science	2095 – 0055
International Soil and Water Conservation Research	2095 – 6339

续表

期刊名称	ISSN
Journal of Environmental Sciences	1001 – 0742
Journal of Forestry Research	1007 – 662X
Journal of Integrative Plant Biology	1672 – 9072
Journal of Mountain Science	1672 – 6316
Journal of Plant Ecology	1752 – 9921
Journal of Resources and Ecology	1674 – 764X
Journal of Zhejiang University. Science A, Applied Physics & Engineering	1673 – 565X
Landscape Architecture Frontiers	2095 – 5405
Molecular Plant	1674 – 2052
Pedosphere	1002 – 0160
Science Bulletin	2095 – 9273
Science China. Chemistry	1674 – 7291
Science China. Earth Sciences	1674 – 7313
Science China. Life Sciences	1674 – 7305
The Crop Journal	2095 – 5421
Wuhan University Journal of Natural Sciences	1007 – 1202
Zoological Research	0254 – 5853
Zoological Systematics	2095 – 6827
草地学报	1007 – 0435
草业科学	1001 – 0629
草业学报	1004 – 5759
干旱地区农业研究	1000 – 7601
干旱区地理	1000 – 6060
干旱区研究	1001 – 4675

续表

期刊名称	ISSN
果树学报	1009－9980
湖泊科学	1003－5427
华北农学报	1000－7091
环境化学	0254－6108
环境科学	0250－3301
环境科学学报	0253－2468
环境科学研究	1001－6929
环境科学与技术	1003－6504
环境污染与防治	1001－3865
科学通报	0023－074X
昆虫学报	0454－6296
林产化学与工业	0253－2417
林业科学	1001－7488
林业科学研究	1001－1498
麦类作物学报	1009－1041
南方水产科学	2095－0780
农业环境科学学报	1672－2043
农业生物技术学报	1674－7968
气候变化研究进展	1673－1719
气候与环境研究	1006－9585
气象学报	0577－6619
热带亚热带植物学报	1005－3395
山地学报	1008－2786
生态毒理学报	1673－5897

续表

期刊名称	ISSN
生态环境学报	1674 – 5906
生态学报	1000 – 0933
生态学杂志	1000 – 4890
生态与农村环境学报	1673 – 4831
生物多样性	1005 – 0094
生物工程学报	1000 – 3061
生物化学与生物物理进展	1000 – 3282
湿地科学	1672 – 5948
食用菌学报	1005 – 9873
水产学报	1000 – 0615
水动力学研究与进展. A 辑	1000 – 4874
水科学进展	1001 – 6791
水生生物学报	1000 – 3207
土壤	0253 – 9829
土壤通报	0564 – 3945
土壤学报	0564 – 3929
西北植物学报	1000 – 4025
遗传	0253 – 9772
营养学报	0512 – 7955
应用科学学报	0255 – 8297
应用昆虫学报	2095 – 1353
应用生态学报	1001 – 9332
应用与环境生物学报	1006 – 687X
园艺学报	0513 – 353X

续表

期刊名称	ISSN
长江流域资源与环境	1004 – 8227
浙江农业学报	1004 – 1524
植物保护学报	0577 – 7518
植物病理学报	0412 – 0914
植物分类与资源学报	2095 – 0845
植物科学学报	2095 – 0837
植物生态学报	1005 – 264X
植物学报	1674 – 3466
植物研究	1673 – 5102
植物遗传资源学报	1672 – 1810
植物营养与肥料学报	1008 – 505X
植物资源与环境学报	1674 – 7895
中国草地学报	1673 – 5021
中国环境监测	1002 – 6002
中国环境科学	1000 – 6923
中国科学. 地球科学	1674 – 7240
中国科学. 化学	1674 – 7224
中国科学. 生命科学	1674 – 7232
中国科学院院刊	1000 – 3045
中国农业科学	0578 – 1752
中国人口·资源与环境	1002 – 2104
中国生态农业学报	1671 – 3990
中国生物防治学报	2095 – 039X
中国生物工程杂志	1671 – 8135

续表

期刊名称	ISSN
中国生物化学与分子生物学报	1007 – 7626
中国水土保持科学	1672 – 3007
中国土壤与肥料	1673 – 6257
资源科学	1007 – 7588
自然灾害学报	1004 – 4574
自然资源学报	1000 – 3037
作物学报	0496 – 3490

4. 生态学 CSSCI 来源期刊

中文社会科学引文索引（CSSCI）由南京大学中国社会科学研究评价中心开发研制而成，是国家、教育部重点课题攻关项目，用来检索中文社会科学领域的论文收录和文献被引用情况。CSSCI 来源期刊每两年遴选一次，CSSCI 遵循文献计量学规律，采取定量与定性评价相结合的方法从全国 2700 余种中文人文社会科学学术性期刊中精选出学术性强、编辑规范的期刊作为来源期刊。2014—2015 年 CSSCI 来源期刊中与生态学相关的期刊如表 2 – 4 所示。

表 2 – 4　2014—2015 年生态学 CSSCI 来源期刊

期刊名称	ISSN
人文、经济地理类	
城市规划	1002 – 1329
城市规划学刊	1000 – 3363
地理研究	1000 – 0585
经济地理	1000 – 8462
旅游科学	1006 – 575X

续表

期刊名称	ISSN
旅游学刊	1002 - 5006
人文地理	1003 - 2398
环境科学类	
长江流域资源与环境	1004 - 8227
干旱区资源与环境	1003 - 7578
中国人口·资源与环境	1002 - 2104
资源科学	1007 - 7588
自然资源学报	1000 - 3037
经济学类	
城市发展研究	1006 - 3862

5. SCIE/SSCI 来源期刊

SCI 和 SCIE 分别是科学引文索引及科学引文索引扩展版（即网络版），主要收录自然科学、工程技术领域最具影响力的重要期刊。SCI 从来源期刊数量划分为 SCI 和 SCIE。SCI 指来源刊为 3700 多种的 SCI 印刷版和 SCI 光盘版（SCI Compact Disc Edition，简称 SCI CDE），SCIE 是 SCI 的扩展库，收录了 8800 多种来源期刊。2016 年 SCIE 收录生态学期刊 151 种，其中 SCI 收录 82 种，SCI、SSCI 共同收录期刊 4 种。生态学 SCI、SCIE 和 SSCI 期刊信息如下：

1）ACTA AMAZONICA《亚马逊学报》Irregular ISSN：0044 - 5967；INST NACIONAL PESQUISAS AMAZONIA, CAIXA POSTAL 478, ALAMEDA COSMEFERREIRA, 1756, MANAUS, BRAZIL, AMAZONAS, 00000（SCIE 收录）

2）ACTA OECOLOGICA-INTERNATIONAL JOURNAL OF ECOLOGY《生态学，国际生态学报》Bimonthly ISSN：1146 - 609X；ELSEVIER SCIENCE BV, PO BOX 211, AMSTERDAM, NETHERLANDS, 1000 AE（SCI 收录）（SCIE 收录）

3）ADVANCES IN ECOLOGICAL RESEARCH《生态学研究进展》Irregular ISSN：

0065 - 2504；ELSEVIER ACADEMICPRESS INC，525 B STREET，SUITE 1900，SAN DIEGO，USA，CA，92101 - 4495（SCI 收录）（SCIE 收录）

4）ADVANCES IN MICROBIAL ECOLOGY《微生物生态学进展》Irregular ISSN：0147 - 4863；KLUWERACADEMIC/PLENUM PUBL，233 SPRING ST，NEW YORK，USA，NY，10013（SCI 收录）（SCIE 收录）

5）AFRICAN JOURNAL OF ECOLOGY《非洲生态学杂志》Quarterly ISSN：0141 - 6707；WILEY-BLACKWELL，111 RIVER ST，HOBOKEN，USA，NJ，07030 - 5774（SCI 收录）（SCIE 收录）

6）AFRICAN JOURNAL OF RANGE & FORAGE SCIENCE《非洲牧场与草料科学杂志》Tri-annual ISSN：1022 - 0119；NATL INQUIRYSERVICES CENTRE PTY LTD，19 WORCESTER STREET，PO BOX 377，GRAHAMSTOWN，SOUTHAFRICA，6140（SCIE 收录）

7）AFRICAN JOURNAL OF WILDLIFE RESEARCH《南非野生动物研究杂志》Semi-annual ISSN：2410 - 7220；SOUTHERN AFRICANWILDLIFE MANAGEMENT ASSOC，PO BOX 217，BLOUBERGSTRAND，SOUTH AFRICA，7437（SCIE 收录）

8）AGRICULTURE ECOSYSTEMS & ENVIRONMENT《农业、生态系与环境》Semi-monthly ISSN：0167 - 8809；ELSEVIER SCIENCE BV，PO BOX 211，AMSTERDAM，NETHERLANDS，1000 AE（SCI 收录）（SCIE 收录）

9）AMERICAN MIDLAND NATURALIST《美国中部博物学家》Quarterly ISSN：0003 - 0031；AMER MIDLANDNATURALIST，UNIV NOTRE DAME，BOX 369，ROOM 295 GLSC，NOTRE DAME，USA，IN，46556（SCI 收录）（SCIE 收录）

10）AMERICAN NATURALIST《美国博物学家》Monthly ISSN：0003 - 0147；UNIV CHICAGO PRESS，1427 E 60TH ST，CHICAGO，USA，IL，60637 - 2954（SCI 收录）（SCIE 收录）

11）ANIMAL CONSERVATION《动物保护》Bimonthly ISSN：1367 - 9430；WILEY-BLACKWELL，111 RIVER ST，HOBOKEN，USA，NJ，07030 - 5774（SCIE 收录）

12）ANNALES ZOOLOGICI FENNICI《芬兰动物学纪事》Bimonthly ISSN：0003 - 455X；FINNISH ZOOLOGICALBOTANICAL PUBLISHING BOARD，PO BOX 26，UNIV HELSINKI，FINLAND，FI - 00014（SCI 收录）（SCIE 收录）

13）ANNUAL REVIEW OF ECOLOGY EVOLUTION AND SYSTEMATICS《生态学、进化与系统学年评》Annual ISSN：1543 - 592X；ANNUAL REVIEWS，4139 EL CAMINO WAY，PO BOX 10139，PALO ALTO，USA，CA，94303 - 0897（SCI 收录）

（SCIE 收录）

14）APPLIED ECOLOGY AND ENVIRONMENTAL RESEARCH《应用生态学与环境研究》Annual ISSN：1589 – 1623；CORVINUS UNIV BUDAPEST，VILLANYI UT 29/43，BUDAPEST，HUNGARY，H – 1118（SCIE 收录）

15）APPLIED VEGETATION SCIENCE《应用植被学》Quarterly ISSN：1402 – 2001；WILEY-BLACKWELL，111 RIVER ST，HOBOKEN，USA，NJ，07030 – 5774（SCIE 收录）

16）AQUATIC ECOLOGY《水生生态学》Quarterly ISSN：1386 – 2588；SPRINGER，VAN GODEWIJCKSTRAAT 30，DORDRECHT，NETHERLANDS，3311 GZ（SCIE 收录）

17）AQUATIC INVASIONS《水生入侵》Quarterly ISSN：1798 – 6540；REGIONALEU-RO-ASIAN BIOLOGICAL INVASIONS CENTRE-REABIC，PL 3，HELSINKI，FIN-LAND，00981（SCIE 收录）

18）AQUATIC MICROBIAL ECOLOGY《水生微生物生态学》Bimonthly ISSN：0948 – 3055；INTER-RESEARCH，NORDBUNTE 23，OLDENDORF LUHE，GERMANY，D – 21385（SCI 收录）（SCIE 收录）

19）AUSTRAL ECOLOGY《澳大利亚生态学》Bimonthly ISSN：1442 – 9985；WILEY-BLACKWELL，111 RIVER ST，HOBOKEN，USA，NJ，07030 – 5774（SCI 收录）（SCIE 收录）

20）BASIC AND APPLIED ECOLOGY《基础与应用生态学》Bimonthly ISSN：1439 – 1791；ELSEVIER GMBH，URBAN & FISCHER VERLAG，OFFICE JENA，PO BOX 100537，JENA，GERMANY，07705（SCIE 收录）

21）BEHAVIORAL ECOLOGY《行为生态学》Bimonthly ISSN：1045 – 2249；OXFORD UNIV PRESSINC，JOURNALS DEPT，2001 EVANS RD，CARY，USA，NC，27513（SCI 收录）（SCIE 收录）

22）BEHAVIORAL ECOLOGY AND SOCIOBIOLOGY《行为生态学与社会生物学》Monthly ISSN：0340 – 5443；SPRINGER，233SPRING ST，NEW YORK，USA，NY，10013（SCI 收录）（SCIE 收录）

23）BIOCHEMICAL SYSTEMATICS AND ECOLOGY《生化分类学与生态学》Bi-monthly ISSN：0305 – 1978；PERGAMON-ELSEVIERSCIENCE LTD，THE BOULE-VARD，LANGFORD　LANE，KIDLINGTON，OXFORD，ENGLAND，OX5 1GB（SCI 收录）（SCIE 收录）

24）BIODIVERSITY AND CONSERVATION《生物物种与保护》Monthly ISSN：
0960－3115；SPRINGER，VAN GODEWIJCKSTRAAT 30，DORDRECHT，NETH-
ERLANDS，3311 GZ（SCI 收录）（SCIE 收录）

25）BIOGEOSCIENCES《生物地球科学》Monthly ISSN：1726－4170；COPERNICUS-
GESELLSCHAFT MBH，BAHNHOFSALLEE 1E，GOTTINGEN，GERMANY，37081
（SCIE 收录）

26）BIOLOGICAL CONSERVATION《生物保护》Monthly ISSN：0006－3207；ELSEVI-
ER SCI LTD，THE BOULEVARD，LANGFORD LANE，KIDLINGTON，OXFORD，
ENGLAND，OXON，OX5 1GB（SCI 收录）（SCIE 收录）

27）BIOLOGICAL INVASIONS《生物入侵》Monthly ISSN：1387－3547；SPRINGER，
VAN GODEWIJCKSTRAAT 30，DORDRECHT，NETHERLANDS，3311 GZ（SCIE
收录）

28）BIOLOGY LETTERS《生物学通信》Monthly ISSN：1744－9561；ROYAL SOC，6－
9 CARLTON HOUSE TERRACE，LONDON，ENGLAND，SW1Y 5AG（SCIE 收录）

29）BIOTROPICA《热带生物学》Bimonthly ISSN：0006－3606；WILEY-BLACK-
WELL，111 RIVER ST，HOBOKEN，USA，NJ，07030－5774（SCI 收录）（SCIE 收
录）

30）BMC ECOLOGY《伦敦生物医学中心生态学》Irregular ISSN：1472－6785；
BIOMED CENTRALLTD，236 GRAYS INN RD，FLOOR 6，LONDON，ENGLAND，
WC1X 8HL（SCIE 收录）

31）BULLETIN OF THE AMERICAN MUSEUM OF NATURAL HISTORY《美国自然
史博物馆公报》Irregular ISSN：0003－0090；AMER MUSEUM NATURAL HISTO-
RY，ATTN：LIBRARY-SCIENTIFIC PUBLICATIONSDISTRIBUTION，CENTRAL
PK WESTAT 79TH ST，NEW YORK，USA，NY，10024－5192（SCI 收录）（SCIE
收录）

32）BULLETIN OF THE PEABODY MUSEUM OF NATURAL HISTORY《皮博迪博物
馆通报》SemiannualISSN：0079－032X；PEABODY MUSEUMNATURAL HISTO-
RY-YALE UNIV，170 WHITNEY AVE，PO BOX 208118，NEW HAVEN，USA，
CT，06520－8118（SCIE 收录）

33）CHEMISTRY AND ECOLOGY《化学与生态学》BimonthlyISSN：0275－7540；TAY-
LOR &FRANCIS LTD，4 PARK SQUARE，MILTON PARK，ABINGDON，ENG-
LAND，OXON，OX14 4RN（SCIE 收录）

34) CHEMOECOLOGY《化学生态学》Quarterly ISSN:0937 – 7409;SPRINGERBASEL AG,PICASSOPLATZ 4,BASEL,SWITZERLAND,4052(SCIE 收录)

35) COMMUNITY ECOLOGY《群落生态学》Irregular ISSN：1585 – 8553;AKA-DEMIAI KIADORT,PRIELLE K U 19,PO BOX 245,,BUDAPEST,HUNGARY,H – 1117(SCIE 收录)

36) COMPOST SCIENCE & UTILIZATION《肥料科学与利用》Quarterly ISSN:1065 – 657X;TAYLOR &FRANCIS INC,530 WALNUT STREET,STE 850,PHILADEL-PHIA,USA,PA,19106(SCIE 收录)

37) CONSERVATION BIOLOGY《自然保护生物学》Bimonthly ISSN:0888 – 8892;WI-LEY-BLACKWELL,111 RIVER ST,HOBOKEN,USA,NJ,07030 – 5774（SCI 收录）(SCIE 收录)

38) CONTEMPORARY PROBLEMS OF ECOLOGY《生态学当代问题》Bimonthly ISSN:1995 – 4255;MAIKNAUKA/INTERPERIODICA/SPRINGER,233 SPRING ST,NEW YORK,USA,NY,10013 – 1578(SCIE 收录)

39) CURRENT OPINION IN INSECT SCIENCE《当前昆虫学观点》Bimonthly ISSN：2214 – 5745;ELSEVIER SCIENCE BV,PO BOX 211,AMSTERDAM,NETHER-LANDS,1000 AE(SCIE 收录)

40) DIVERSITY AND DISTRIBUTIONS《多样性与分布》Monthly ISSN:1366 – 9516;WILEY-BLACKWELL,111 RIVER ST,HOBOKEN,USA,NJ,07030 – 5774（SCIE 收录）

41) ECO MONT-JOURNAL ON PROTECTED MOUNTAIN AREAS RESEARCH《山地保护研究与管理杂志》Semiannual ISSN:2073 – 106X;AUSTRIAN ACAD SCI-ENCESPRESS,UNIV INNSBRUCK,PO BOX 471,POSTGASSE 7,VIENNA,AUS-TRIA,1011(SCIE 收录)

42) ECOGRAPHY《北极区生态学》Monthly ISSN:0906 – 7590;WILEY-BLACK-WELL,111 RIVER ST,HOBOKEN,USA,NJ,07030 – 5774（SCI 收录）（SCIE 收录）

43) ECOHYDROLOGY《生态水文学》Bimonthly ISSN:1936 – 0584;WILEY-BLACK-WELL,111 RIVER ST,HOBOKEN,USA,NJ,07030 – 5774(SCIE 收录)

44) ECOLOGICAL APPLICATIONS《生态应用》Bimonthly ISSN:1051 – 0761;WI-LEY-BLACKWELL,111 RIVER ST,HOBOKEN,USA,NJ,07030 – 5774（SCI 收录）（SCIE 收录）

45) ECOLOGICAL COMPLEXITY《生物复杂性》Quarterly ISSN：1476 - 945X；ELSEVIER SCIENCE BV, PO BOX 211, AMSTERDAM, NETHERLANDS, 1000 AE(SCIE 收录)

46) ECOLOGICAL ECONOMICS《生态经济学》Monthly ISSN：0921 - 8009；ELSEVIER SCIENCE BV, PO BOX 211, AMSTERDAM, NETHERLANDS, 1000 AE (SCI 收录)(SCIE 收录)(SSCI 收录)

47) ECOLOGICAL ENGINEERING《生态工程》Monthly ISSN：0925 - 8574；ELSEVIER SCIENCE BV, PO BOX 211, AMSTERDAM, NETHERLANDS, 1000 AE (SCI 收录)(SCIE 收录)

48) ECOLOGICAL INFORMATICS《信息生态学》Bimonthly ISSN：1574 - 9541；ELSEVIER SCIENCE BV, PO BOX 211, AMSTERDAM, NETHERLANDS, 1000 AE(SCIE 收录)

49) ECOLOGICAL MODELLING《生态模拟》Semimonthly ISSN：0304 - 3800；ELSEVIER SCIENCE BV, PO BOX 211, AMSTERDAM, NETHERLANDS, 1000 AE(SCI 收录)(SCIE 收录)

50) ECOLOGICAL MONOGRAPHS《生态学论丛》Quarterly ISSN：0012 - 9615；WILEY-BLACKWELL, 111 RIVER ST, HOBOKEN, USA, NJ, 07030 - 5774 (SCI 收录)(SCIE 收录)

51) ECOLOGICAL RESEARCH《生态学研究》Bimonthly ISSN：0912 - 3814；SPRINGER JAPAN KK, CHIYODA FIRST BLDG EAST, 3 - 8 - 1 NISHI-KANDA, CHIYODA-KU, TOKYO, JAPAN, 101 - 0065 (SCI 收录)(SCIE 收录)

52) ECOLOGY《生态学》Monthly ISSN：0012 - 9658；WILEY-BLACKWELL, 111 RIVER ST, HOBOKEN, USA, NJ, 07030 - 5774 (SCI 收录)(SCIE 收录)

53) ECOLOGY AND EVOLUTION《生态学与进化》Semimonthly ISSN：2045 - 7758；WILEY-BLACKWELL, 111 RIVER ST, HOBOKEN, USA, NJ, 07030 - 5774 (SCIE 收录)

54) ECOLOGY AND SOCIETY《生态与社会》Quarterly ISSN：1708 - 3087；RESILIENCE ALLIANCE, ACADIA UNIV, BIOLOGY DEPT, WOLFVILLE, CANADA, NS, B0P 1X0(SCIE 收录)(SSCI 收录)

55) ECOLOGY LETTERS《生态学通讯》Monthly ISSN：1461 - 023X；WILEY-BLACKWELL, 111 RIVER ST, HOBOKEN, USA, NJ, 07030 - 5774 (SCI 收录)(SCIE 收录)

56）ECOSCIENCE《生态科学》Quarterly ISSN：1195 – 6860；TAYLOR &FRANCIS INC,530 WALNUT STREET,STE 850,PHILADELPHIA,USA,PA,19106（SCI 收录）（SCIE 收录）

57）ECOSPHERE《生态圈》Monthly ISSN：2150 – 8925；WILEY-BLACKWELL,111 RIVER ST,HOBOKEN,USA,NJ,07030 – 5774（SCIE 收录）

58）ECOSYSTEM SERVICES《生态系统服务》Bimonthly ISSN：2212 – 0416；ELSEVIER SCIENCE BV,PO BOX 211,AMSTERDAM,NETHERLANDS,1000 AE（SCIE 收录）（SSCI 收录）

59）ECOSYSTEMS《生态系统》BimonthlyISSN：1432 – 9840；SPRINGER,233SPRING ST,NEW YORK,USA,NY,10013（SCI 收录）（SCIE 收录）

60）ECOTOXICOLOGY《生态毒理学》Bimonthly ISSN：0963 – 9292；SPRINGER,VAN GODEWIJCKSTRAAT 30,DORDRECHT,NETHERLANDS,3311 GZ（SCI 收录）（SCIE 收录）

61）ECOTROPICA《热带生态学》Semiannual ISSN：0949 – 3026；SOC TROPICA-LECOLOGY, GTOE, ZOOLOGICAL RESEARCH INST & MUSE, ADENAUER-ALLE 160,BONN,GERMANY,00000（SCIE 收录）

62）EKOLOJI《环境》Quarterly ISSN：1300 – 1361；FOUNDATIONENVIRONMENTAL PROTECTION & RESEARCH-FEPR, MURESELPASA BULVARI 1265 SOKAK 10 – 10,H MEVLUT SUSUZLU IS MERKESI,PK 63,BASMANE KONAK-IZMIR, TURKEY,35230（SCIE 收录）

63）ENVIRONMENTAL BIOLOGY OF FISHES《鱼类环境生物学》Monthly ISSN：0378 – 1909；SPRINGER,233SPRING ST,NEW YORK,USA,NY,10013（SCI 收录）（SCIE 收录）

64）EUROPEAN JOURNAL OF SOIL BIOLOGY《欧洲土壤生物学杂志》Bimonthly ISSN：1164 – 5563；ELSEVIERFRANCE-EDITIONS SCIENTIFIQUES MEDICALES ELSEVIER,23 RUE LINOIS,PARIS,FRANCE,75724（SCIE 收录）

65）EUROPEAN JOURNAL OF WILDLIFE RESEARCH《欧洲野生动植物研究杂志》Quarterly ISSN：1612 – 4642；SPRINGER,233SPRING ST,NEW YORK,USA,NY,10013（SCIE 收录）

66）EVOLUTION《进化》Monthly ISSN：0014 – 3820；WILEY-BLACKWELL,111 RIVER ST,HOBOKEN,USA,NJ,07030 – 5774（SCI 收录）（SCIE 收录）

67）EVOLUTIONARY ECOLOGY《进化生态学》Bimonthly ISSN：0269 – 7653；

SPRINGER, VAN GODEWIJCKSTRAAT 30, DORDRECHT, NETHERLANDS, 3311 GZ(SCI 收录)(SCIE 收录)

68) EVOLUTIONARY ECOLOGY RESEARCH《进化生态学研究》Bimonthly ISSN: 1522 – 0613; EVOLUTIONARYECOLOGY LTD, UNIV ARIZONA, 321 BIO-SCIENCESWEST, TUCSON, USA, AZ, 85721(SCIE 收录)

69) FIRE ECOLOGY《火灾生态学》Tri-annual ISSN: 1933 – 9747; ASSOC FIREECOLOGY, PO BOX 50412, EUGENE, USA, OR, 97405(SCIE 收录)

70) FLORA《植物志》Quarterly ISSN: 0367 – 2530; ELSEVIER GMBH, URBAN & FISCHER VERLAG, OFFICE JENA, PO BOX 100537, JENA, GERMANY, 07705 (SCI 收录)(SCIE 收录)

71) FRESHWATER SCIENCE《淡水科学》QuarterlyISSN: 2161 – 9549; UNIV CHICA-GO PRESS, 1427 E 60TH ST, CHICAGO, USA, IL, 60637 – 2954 (SCI 收录) (SCIE 收录)

72) FRONTIERS IN ECOLOGY AND THE ENVIRONMENT《生态学与环境新领域》Monthly ISSN: 1540 – 9295; WILEY-BLACKWELL, 111 RIVER ST, HOBOKEN, USA, NJ, 07030 – 5774(SCIE 收录)

73) FUNCTIONAL ECOLOGY《机能生态学》Bimonthly ISSN: 0269 – 8463; WILEY-BLACKWELL, 111 RIVER ST, HOBOKEN, USA, NJ, 07030 – 5774 (SCI 收录) (SCIE 收录)

74) FUNGAL ECOLOGY《真菌生态学》Quarterly ISSN: 1754 – 5048; ELSEVIER SCI LTD, THE BOULEVARD, LANGFORD LANE, KIDLINGTON, OXFORD, ENG-LAND, OXON, OX5 1GB(SCIE 收录)

75) GLOBAL CHANGE BIOLOGY《全球变化生物学》Monthly ISSN: 1354 – 1013; WI-LEY-BLACKWELL, 111 RIVER ST, HOBOKEN, USA, NJ, 07030 – 5774(SCI 收录) (SCIE 收录)

76) GLOBAL ECOLOGY AND BIOGEOGRAPHY《全球生态学和生物地理学》Monthly ISSN: 1466 – 822X; WILEY-BLACKWELL, 111 RIVER ST, HOBOKEN, USA, NJ, 07030 – 5774(SCI 收录)(SCIE 收录)

77) HEREDITY《遗传》Monthly ISSN: 0018 – 067X; NATURE PUBLISHINGGROUP, MACMILLAN BUILDING, 4 CRINAN ST, LONDON, ENGLAND, N1 9XW(SCI 收录)(SCIE 收录)

78) INTERCIENCIA《国际科学》Monthly ISSN: 0378 – 1844; INTERCIENCIA, APAR-

TADO 51842,CARACAS,VENEZUELA,1050A(SCIE 收录)

79)INTERNATIONAL JOURNAL OF SUSTAINABLE DEVELOPMENT ANDWORLD ECOLOGY《国际可持续发展与全球生态学杂志》Bimonthly ISSN:1350 - 4509; TAYLOR & FRANCISINC,530 WALNUT STREET,STE 850,PHILADELPHIA, USA,PA,19106(SCI 收录)(SCIE 收录)

80)ISME JOURNAL《国际微生物生态学会杂志》Monthly ISSN:1751 - 7362;NA-TURE PUBLISHINGGROUP,MACMILLAN BUILDING,4 CRINAN ST,LONDON, ENGLAND,N1 9XW(SCI 收录)(SCIE 收录)

81)ISRAEL JOURNAL OF ECOLOGY & EVOLUTION《以色列生态学与进化杂志》 Quarterly ISSN:1565 - 9801;TAYLOR & FRANCIS LTD,4 PARK SQUARE,MIL-TON PARK,ABINGDON,ENGLAND,OXON,OX14 4RN(SCI 收录)(SCIE 收录)

82)JOURNAL FOR NATURE CONSERVATION《自然保护杂志》Quarterly ISSN: 1617 - 1381;ELSEVIER GMBH,URBAN & FISCHER VERLAG,OFFICE JENA, P O BOX 100537,JENA,GERMANY,07705(SCIE 收录)

83)JOURNAL OF ANIMAL ECOLOGY《动物生态学杂志》Bimonthly ISSN:0021 - 8790;WILEY-BLACKWELL,111 RIVER ST,HOBOKEN,USA,NJ,07030 - 5774 (SCI 收录)(SCIE 收录)

84)JOURNAL OF APPLIED ECOLOGY《应用生态学杂志》BimonthlyISSN:0021 - 8901;WILEY-BLACKWELL,111 RIVER ST,HOBOKEN,USA,NJ,07030 - 5774 (SCI 收录)(SCIE 收录)

85)JOURNAL OF ARID ENVIRONMENTS《干旱环境杂志》Monthly ISSN:0140 - 1963;ACADEMIC PRESSLTD-ELSEVIER SCIENCE LTD,24 - 28 OVAL RD, LONDON,ENGLAND,NW1 7DX(SCI 收录)(SCIE 收录)

86)JOURNAL OF BIOGEOGRAPHY《生物地理杂志》Monthly ISSN:0305 - 0270; WILEY-BLACKWELL,111 RIVER ST,HOBOKEN,USA,NJ,07030 - 5774(SCI 收录)(SCIE 收录)

87)JOURNAL OF BIOLOGICAL DYNAMICS《生物动力学杂志》Bimonthly ISSN: 1751 - 3758;TAYLOR &FRANCIS LTD,4 PARK SQUARE,MILTON PARK, ABINGDON,ENGLAND,OXON,OX14 4RN(SCIE 收录)

88)JOURNAL OF CHEMICAL ECOLOGY《化学生态学杂志》Monthly ISSN:0098 - 0331; SPRINGER, VAN GODEWIJCKSTRAAT 30, DORDRECHT, NETHER-

LANDS,3311 GZ(SCI 收录)(SCIE 收录)

89)JOURNAL OF ECOLOGY《生态学杂志》Bimonthly ISSN:0022 – 0477;WILEY-BLACKWELL,111 RIVER ST,HOBOKEN,USA,NJ,07030 – 5774(SCI 收录)(SCIE 收录)

90)JOURNAL OF EVOLUTIONARY BIOLOGY《进化生物学杂志》Monthly ISSN:1010 – 061X;WILEY-BLACKWELL,111 RIVER ST,HOBOKEN,USA,NJ,07030 – 5774(SCI 收录)(SCIE 收录)

91)JOURNAL OF EXPERIMENTAL MARINE BIOLOGY AND ECOLOGY《实验海洋生物学与生态学杂志》Monthly ISSN:0022 – 0981;ELSEVIER SCIENCE BV,PO BOX 211,AMSTERDAM,NETHERLANDS,1000 AE(SCI 收录)(SCIE 收录)

92)JOURNAL OF FISH AND WILDLIFE MANAGEMENT《鱼类野生动物管理杂志》Semiannual ISSN:1944 – 687X;U S FISH & WILDLIFE SERVICE,NATL CONSERVATION TRAINING CENTER, CONSERVATION LIBRARY, 698CONSERVATION WAY,SHEPHERDSTOWN,USA,WV,25443(SCIE 收录)

93)JOURNAL OF FRESHWATER ECOLOGY《淡水生态学杂志》Quarterly ISSN: 0270 – 5060;TAYLOR &FRANCIS INC,530 WALNUT STREET,STE 850, PHILADELPHIA,USA,PA,19106(SCI 收录)(SCIE 收录)

94)JOURNAL OF NATURAL HISTORY《博物学杂志》Semimonthly ISSN:0022 – 2933;TAYLOR &FRANCIS LTD,4 PARK SQUARE,MILTON PARK,ABINGDON,ENGLAND,OXON,OX14 4RN(SCI 收录)(SCIE 收录)

95)JOURNAL OF PLANT ECOLOGY《植物生态学报》Quarterly ISSN:1752 – 9921; OXFORD UNIV PRESS,GREAT CLARENDON ST,OXFORD,ENGLAND,OX2 6DP(SCIE 收录)

96)JOURNAL OF SOIL AND WATER CONSERVATION《水土保持杂志》Bimonthly ISSN:0022 – 4561;SOIL WATERCONSERVATION SOC,945 SW ANKENY RD, ANKENY,USA,IA,50023 – 9723(SCI 收录)(SCIE 收录)

97)JOURNAL OF TROPICAL ECOLOGY《热带生态学杂志》Bimonthly ISSN:0266 – 4674;CAMBRIDGE UNIV PRESS,32AVENUE OF THE AMERICAS,NEW YORK,USA,NY,10013 – 2473(SCI 收录)(SCIE 收录)

98)JOURNAL OF VEGETATION SCIENCE《植被学杂志》Bimonthly ISSN:1100 – 9233;WILEY-BLACKWELL,111 RIVER ST,HOBOKEN,USA,NJ,07030 – 5774 (SCI 收录)(SCIE 收录)

99）JOURNAL OF WILDLIFE MANAGEMENT《野生动物管理杂志》Bimonthly ISSN：0022 － 541X；WILEY-BLACKWELL,111 RIVER ST,HOBOKEN,USA,NJ,07030 － 5774（SCI 收录）（SCIE 收录）

100）LANDSCAPE AND ECOLOGICAL ENGINEERING《景观与生态工程》Semiannual ISSN：1860 － 1871；SPRINGER JAPAN KK,CHIYODA FIRST BLDG EAST,3 － 8 － 1NISHI-KANDA,CHIYODA-KU,TOKYO,JAPAN,101 － 0065（SCIE 收录）

101）LANDSCAPE AND URBAN PLANNING《园林与城市规划》Semimonthly ISSN：0169 － 2046；ELSEVIER SCIENCE BV,PO BOX 211,AMSTERDAM,NETHERLANDS,1000 AE（SCIE 收录）（SSCI 收录）

102）LANDSCAPE ECOLOGY《园林生态学》Monthly ISSN：0921 － 2973；SPRINGER,VAN GODEWIJCKSTRAAT 30,DORDRECHT,NETHERLANDS,3311 GZ（SCIE 收录）

103）MARINE BIOLOGY RESEARCH《海洋生物学研究》Monthly ISSN：1745 － 1000；TAYLOR & FRANCIS AS,KARL JOHANS GATE 5,OSLO,NORWAY,NO － 0154（SCI 收录）（SCIE 收录）

104）MARINE ECOLOGY PROGRESS SERIES《海洋生态学进展丛刊》Monthly ISSN：0171 － 8630；INTER-RESEARCH,NORDBUNTE 23,OLDENDORF LUHE,GERMANY,D － 21385（SCI 收录）（SCIE 收录）

105）METHODS IN ECOLOGY AND EVOLUTION《生态学与进化论方法》Monthly ISSN：2041 － 210X；WILEY-BLACKWELL,111 RIVER ST,HOBOKEN,USA,NJ,07030 － 5774（SCIE 收录）

106）MICROBIAL ECOLOGY《微生物生态学》Bimonthly ISSN：0095 － 3628；SPRINGER,233SPRING ST,NEW YORK,USA,NY,10013（SCI 收录）（SCIE 收录）

107）MOLECULAR ECOLOGY《分子生态学》Semimonthly ISSN：0962 － 1083；WILEY-BLACKWELL,111 RIVER ST,HOBOKEN,USA,NJ,07030 － 5774（SCI 收录）（SCIE 收录）

108）MOLECULAR ECOLOGY RESOURCES《分子生态学资源》Bimonthly ISSN：1755 － 098X；WILEY-BLACKWELL,111 RIVER ST,HOBOKEN,USA,NJ,07030 － 5774（SCIE 收录）

109）NATURAL AREAS JOURNAL《原始区域杂志》Quarterly ISSN：0885 － 8608；

NATURAL AREASASSOC,320 SOUTH THIRD ST,ROCKFORD,USA,IL,61104
（SCIE 收录）

110）NATURAL HISTORY《博物学》Monthly ISSN：0028 – 0712；NATURAL HISTO-
RYMAGAZINE,36 WEST 25TH STREET, FIFTH FLOOR, NEW YORK, USA,
NY,10010(SCI 收录)(SCIE 收录)

111）NEW ZEALAND JOURNAL OF ECOLOGY《新西兰生态学杂志》Semiannual
ISSN：0110 – 6465；NEW ZEALAND ECOL SOC, PO BOX 25178, CHRIST-
CHURCH,NEW ZEALAND(SCI 收录)(SCIE 收录)

112）NORTHEASTERN NATURALIST《美国东北部博物学家》Quarterly ISSN：1092
– 6194；HUMBOLDT FIELDRESEARCH INST, PO BOX 9, STEUBEN, USA,
ME,04680 – 0009(SCIE 收录)

113）NORTHWEST SCIENCE《西北科学》Quarterly ISSN：0029 – 344X；NORTH-
WESTSCIENTIFIC ASSOC, JEFFREY DUDA, USGS, WESTERN FISHERIES
RES CTR,6505 NE 65 ST,SEATTLE,USA,WA,98115(SCIE 收录)

114）OECOLOGIA《生态学》Monthly ISSN：0029 – 8549；SPRINGER,233SPRING ST,
NEW YORK,USA,NY,10013(SCI 收录)(SCIE 收录)

115）OIKOS《生态学》Monthly ISSN：0030 – 1299；WILEY-BLACKWELL,111 RIVER
ST,HOBOKEN,USA,NJ,07030 – 5774(SCI 收录)(SCIE 收录)

116）ORYX《羚羊属》Quarterly ISSN：0030 – 6053；CAMBRIDGE UNIV PRESS,
32AVENUE OF THE AMERICAS,NEW YORK,USA,NY,10013 – 2473(SCI 收
录)(SCIE 收录)

117）PALEOBIOLOGY《古生物学》Quarterly ISSN：0094 – 8373；CAMBRIDGE UNIV
PRESS,32AVENUE OF THE AMERICAS,NEW YORK,USA,NY,10013 – 2473
(SCI 收录)(SCIE 收录)

118）PEDOBIOLOGIA《土壤生物学》Bimonthly ISSN：0031 – 4056；ELSEVIER GM-
BH,URBAN & FISCHER VERLAG, OFFICE JENA, PO BOX 100537, JENA,
GERMANY,07705(SCI 收录)(SCIE 收录)

119）PERSPECTIVES IN PLANT ECOLOGY EVOLUTION ANDSYSTEMATICS《植物
生态学、进化与分类学展望》Semiannual ISSN：1433 – 8319；ELSEVIER GM-
BH,URBAN & FISCHER VERLAG, OFFICE JENA, PO BOX 100537, JENA,
GERMANY,07705(SCIE 收录)

120）PHYTOCOENOLOGIA《植物群落学杂志》Irregular ISSN：0340 – 269X；GE-

BRUDERBORNTRAEGER,JOHANNESSTR 3A,STUTTGART,GERMANY,D –
70176(SCI 收录)(SCIE 收录)

121) PLANT ECOLOGY《植物生态学》Monthly ISSN:1385 – 0237;SPRINGER,VAN-
GODEWIJCKSTRAAT 30,DORDRECHT,NETHERLANDS,3311 GZ(SCI 收录)
(SCIE 收录)

122) PLANT SPECIES BIOLOGY《植物物种生物学》Quarterly ISSN:0913 – 557X;WI-
LEY-BLACKWELL,111 RIVER ST,HOBOKEN,USA,NJ,07030 – 5774(SCIE
收录)

123) POLAR BIOLOGY《极地生物学》Bimonthly ISSN:0722 – 4060;SPRINGER,
233SPRING ST,NEW YORK,USA,NY,10013(SCI 收录)(SCIE 收录)

124) POLAR RECORD Bimonthly ISSN:0032 – 2474;CAMBRIDGE UNIV PRESS,
32AVENUE OF THE AMERICAS,NEW YORK,USA,NY,10013 – 2473(SCIE
收录)

125) POLAR RESEARCH《极地研究》Tri-annual ISSN:0800 – 0395;CO-ACTION-
PUBLISHING,RIPVAGEN 7,JARFALLA,SWEDEN,SE – 17564(SCI 收录)
(SCIE 收录)

126) POLAR SCIENCE《极地科学》Quarterly ISSN:1873 – 9652;ELSEVIER SCI-
ENCE BV,PO BOX 211,AMSTERDAM,NETHERLANDS,1000 AE(SCIE 收录)

127) POLISH JOURNAL OF ECOLOGY《波兰生态学杂志》Quarterly ISSN:1505 –
2249;POLISH ACADSCIENCES INST ECOLOGY,DZIEKANOW LESNY NEAR
WARSAW,LOMIANKI,POLAND,05 – 092(SCIE 收录)

128) POLISH POLAR RESEARCH《波兰极地研究》Quarterly ISSN:0138 – 0338;POLISH
ACADSCIENCES,PL DEFILAD 1,WARSZAWA,POLAND,00000(SCIE 收录)

129) POPULATION ECOLOGY《种群生态学》Tri-annual ISSN:1438 – 3896;SPRING-
ER JAPAN KK,CHIYODA FIRST BLDG EAST,3 – 8 – 1NISHI-KANDA,CHIYO-
DA-KU,TOKYO,JAPAN,101 – 0065(SCI 收录)(SCIE 收录)

130) PROCEEDINGS OF THE ACADEMY OF NATURAL SCIENCES OFPHILADEL-
PHIA《费城自然科学院院报》Annual ISSN:0097 – 3157;ACAD NATURAL-
SCIENCES PHILA,SCIENTIFIC PUBLICATIONS,1900 BENJ FRANKLIN PK-
WY,PHILADELPHIA,USA,PA,19103 – 1195(SCI 收录)(SCIE 收录)

131) PROCEEDINGS OF THE LINNEAN SOCIETY OF NEW SOUTHWALES《新南威
尔士林奈学会会报》Irregular ISSN:0370 – 047X;LINNEAN SOC NEWSOUTH

WALES, PO BOX 137, MATRAVILLE, NEW SOUTH WALES, AUSTRALIA, 2036(SCIE 收录)

132)PROCEEDINGS OF THE ROYAL SOCIETY B-BIOLOGICALSCIENCES《皇家学会学报 B 辑:生物科学》Semimonthly ISSN:0962 - 8452;ROYAL SOC,6 - 9 CARLTON HOUSE TERRACE, LONDON, ENGLAND, SW1Y 5AG(SCI 收录)(SCIE 收录)

133)RANGELAND ECOLOGY & MANAGEMENT《牧场生态与管理》Bimonthly ISSN:1550 - 7424;SOC RANGEMANAGEMENT,445 UNION BLVD,STE 230, LAKEWOOD,USA,CO,80228 - 1259(SCI 收录)(SCIE 收录)

134)RANGELAND JOURNAL《牧场杂志》Bimonthly ISSN:1036 - 9872;CSIRO PUB-LISHING, UNIPARK, BLDG 1, LEVEL 1, 195 WELLINGTON RD, LOCKED BAG 10,CLAYTON,AUSTRALIA,VIC,3168(SCIE 收录)

135)RESTORATION ECOLOGY《恢复生态学》Bimonthly ISSN:1061 - 2971;WILEY-BLACKWELL,111 RIVER ST,HOBOKEN,USA,NJ,07030 - 5774(SCIE 收录)

136)REVISTA CHILENA DE HISTORIANATURALQuarterly ISSN:0716 - 078X;SOCBI-OLGIA CHILE,CASILLA 16164,SANTIAGO,CHILE,9(SCIE 收录)

137)REVUE D ECOLOGIE-LA TERRE ET LAVIE《生态学杂志》;Quarterly ISSN: 0249 - 7395;SOC NATLPROTECTION NATURE ACCLIMATATION FRANCE, 57 RUE CUVIER,PARIS 5,FRANCE,75005(SCI 收录)(SCIE 收录)

138)RUSSIAN JOURNAL OF ECOLOGY《俄罗斯生态学杂志》Bimonthly ISSN:1067 - 4136;MAIKNAUKA/INTERPERIODICA/SPRINGER,233 SPRING ST,NEW YORK, USA,NY,10013 - 1578(SCIE 收录)

139)SOUTHEASTERN NATURALIST《东南博物学家》Quarterly ISSN:1528 - 7092; HUMBOLDT FIELDRESEARCH INST,PO BOX 9,STEUBEN,USA,ME,04680 - 0009(SCIE 收录)

140)SOUTHWESTERN NATURALIST《西南博物学者》Quarterly ISSN:0038 - 4909; SOUTHWESTERN ASSOCNATURALISTS,SOUTHWEST TEXAS STATE UNIV, DEPT BIOLOGY,601 UNIVERSITY DR,SANMARCOS,USA,TX,78666(SCIE 收录)

141)THEORETICAL ECOLOGY《理论生态学》Quarterly ISSN:1874 - 1738;SPRING-ERHEIDELBERG, TIERGARTENSTRASSE 17, HEIDELBERG, GERMANY, D - 69121(SCIE 收录)

142) THEORETICAL POPULATION BIOLOGY《理论种群生物学》Bimonthly ISSN: 0040 - 5809;ACADEMIC PRESS INCELSEVIER SCIENCE,525 B ST,STE 1900,SAN DIEGO,USA,CA,92101 - 4495(SCI 收录)(SCIE 收录)

143) TRENDS IN ECOLOGY & EVOLUTION《生态学与进化趋势》Monthly ISSN: 0169 - 5347;ELSEVIER SCIENCE LONDON,84 THEOBALDS RD,LONDON, ENGLAND,WC1X8RR(SCI 收录)(SCIE 收录)

144) TROPICAL ECOLOGY《热带生态学》Tri-annual ISSN:0564 - 3295;INT SOC TROPICALECOLOGY,DEPT BOTANY BENERAS HINDU UNIV,VARANASI, INDIA,221 005(SCIE 收录)

145) URBAN ECOSYSTEMS《都市生态系统》Quarterly ISSN:1083 - 8155;SPRING-ER,VAN GODEWIJCKSTRAAT 30,DORDRECHT,NETHERLANDS,3311 GZ (SCIE 收录)

146) VIE ET MILIEU-LIFE ANDENVIRONMENT《生活与环境》Quarterly ISSN:0240 - 8759;OBSERVATOIREOCEANOLOGIQUE BANYULS,LABORATOIRE ARAGO,BP 44,BANYULS-SUR-MER CEDEX,FRANCE,66651(SCI 收录)(SCIE 收录)

147) WESTERN NORTH AMERICAN NATURALIST《西北部美国博物学家》Quarter-ly ISSN:1527 - 0904;BRIGHAM YOUNGUNIV,290 LIFE SCIENCE MUSEUM, PROVO,USA,UT,84602(SCIE 收录)

148) WETLANDS《湿地:国际湿地科学家学会志》Bimonthly ISSN:0277 - 5212; SPRINGER,VAN GODEWIJCKSTRAAT 30,DORDRECHT,NETHERLANDS, 3311 GZ(SCIE 收录)

149) WILDLIFE BIOLOGY《野生生物学》Quarterly ISSN:0909 - 6396;WILDLIFEBI-OLOGY,C/O JAN BERTELSEN,GRENAAVEJ 14,KALO,RONDE,DENMARK, DK - 8410(SCIE 收录)

150) WILDLIFE MONOGRAPHS《野生动物专论》Monthly ISSN:0084 - 0173;WI-LEY-BLACKWELL,111 RIVER ST,HOBOKEN,USA,NJ,07030 - 5774(SCI 收录)(SCIE 收录)

151) WILDLIFE RESEARCH《野生生物研究》Bimonthly ISSN:1035 - 3712;CSIRO PUBLISHING,UNIPARK,BLDG 1,LEVEL 1,195 WELLINGTON RD, LOCKED BAG 10,CLAYTON,AUSTRALIA,VIC,3168(SCI 收录)(SCIE 收录)

6. 生态学 SCIE 期刊分区

SCIE 期刊的影响因子每年由美国科学情报研究所出版。但是,

SCIE 期刊分区不是 SCIE 官方行为,目前是中国科学院文献情报中心所进行的分区,用来衡量论文水平高低的依据是美国科学情报研究所出版的 JCR REPORTS,但不仅仅局限于影响因子,还考虑期刊的难度和影响力,将 SCIE 收录期刊分成 1、2、3、4 共四个分区。第一分区一般是各领域的顶级期刊,第二分区是高水平的期刊,第三分区次之,第四分区则是普通的期刊。表 2 - 5 为 2014 年生态学 SCIE 期刊分区表。

表 2 - 5　2014 年生态学 SCIE 期刊分区表

期刊名	分区	2014 年影响因子	3 年平均影响因子
Trends in Ecology & Evolution	1	16.196	15.646
Ecology Letters	1	10.689	13.893
Annual Review of Ecology Evolution and Systematics	1	10.562	10.638
Isme Journal	1	9.302	9.173
Frontiers in Ecology and the Environment	1	7.441	7.823
Global Change Biology	1	8.044	7.726
Ecological Monographs	1	6.98	7.391
Global Ecology and Biogeography	2	6.531	6.999
Molecular Ecology	2	6.494	6.203
Methods In Ecology and Evolution	2	6.554	5.933
Bulletin of The American Museum of Natural History	2	7.316	5.814
Molecular Ecology Resources	2	3.712	5.59
Journal of Ecology	2	5.521	5.549
Proceedings of The Royal Society B-Biological Sciences	2	5.051	5.342
Diversity and Distributions	2	3.667	5.086
Ecology	2	4.656	4.944

期刊名	分区	2014 年影响因子	3 年平均影响因子
Functional Ecology	2	4.828	4.849
Journal of Biogeography	2	4.59	4.807
Evolution	2	4.612	4.712
Ecography	2	4.774	4.702
Journal of Animal Ecology	2	4.504	4.69
Journal of Applied Ecology	2	4.564	4.686
Advances in Ecological Research	2	4.04	4.457
Conservation Biology	2	4.165	4.28
American Naturalist	2	3.832	4.279
Ecological Applications	2	4.093	4.011
Heredity	2	3.805	3.906
Biological Conservation	3	3.762	3.864
Biogeosciences	3	3.978	3.828
Perspectives in Plant Ecology Evolution and Systematics	3	3.606	3.696
Wildlife Monographs	3	5.2	3.594
Ecosystems	3	3.943	3.546
Oikos	3	3.444	3.442
Journal of Evolutionary Biology	3	3.232	3.398
Biology Letters	3	3.248	3.34
Landscape Ecology	3	3.5	3.324
Journal of Vegetation Science	3	3.709	3.3
Behavioral Ecology	3	3.177	3.183
Agriculture Ecosystems & Environment	3	3.402	3.155

续表

期刊名	分区	2014 年影响因子	3 年平均影响因子
Microbial Ecology	3	2.973	3.123
Oecologia	3	3.093	3.117
Fungal Ecology	3	2.929	2.925
Ecological Engineering	3	2.58	2.86
Ecology and Society	3	2.774	2.758
Behavioral Ecology and Sociobiology	3	2.35	2.717
Ecological Economics	3	2.72	2.697
Animal Conservation	3	2.852	2.689
Ecotoxicology	3	2.706	2.66
Landscape and Urban Planning	3	3.037	2.652
Paleobiology	3	2.658	2.624
Ecohydrology	3	2.426	2.612
Biological Invasions	3	2.586	2.604
Marine Ecology Progress Series	3	2.619	2.602
Journal of Chemical Ecology	3	2.747	2.483
Evolutionary Ecology	3	2.517	2.432
Ecosphere	3	2.255	2.425
Applied Vegetation Science	3	2.548	2.409
Bmc Ecology	3	2.36	2.36
Basic and Applied Ecology	3	1.942	2.342
Freshwater Science	3	1.941	2.307
Ecological Modelling	4	2.321	2.239
Biodiversity and Conservation	4	2.365	2.231
Urban Ecosystems	4	2.685	2.213

续表

期刊名	分区	2014 年影响因子	3 年平均影响因子
Journal of Experimental Marine Biology and Ecology	4	1.866	2.201
Biotropica	4	2.084	2.172
Journal of Plant Ecology	4	2.646	2.095
Ecological Complexity	4	1.931	2.09
Bulletin of The Peabody Museum Of Natural History	4	2.588	2.038
Aquatic Microbial Ecology	4	1.967	1.968
Chemoecology	4	1.923	1.944
Restoration Ecology	4	1.838	1.921
European Journal of Soil Biology	4	1.719	1.901
Ecological Informatics	4	1.727	1.889
Polar Biology	4	1.586	1.888
Oryx	4	1.849	1.796
Theoretical Ecology	4	1.553	1.779
Austral Ecology	4	1.837	1.766
Journal of arid Environments	4	1.641	1.745
Population Ecology	4	1.57	1.731
Ecology and Evolution	4	2.32	1.721
Journal of Soil and Water Conservation	4	1.595	1.709
Acta Oecologica-International Journal of Ecology	4	1.617	1.693
Journal for Nature Conservation	4	1.646	1.671
Journal of Wildlife Management	4	1.726	1.659
Pedobiologia	4	1.421	1.593
Flora	4	1.472	1.55
Plant Ecology	4	1.463	1.546

续表

期刊名	分区	2014年影响因子	3年平均影响因子
Rangeland Ecology & Management	4	1.439	1.545
Theoretical Population Biology	4	1.702	1.491
Polar Research	4	1.141	1.483
Ecological Research	4	1.296	1.454
Wetlands	4	1.572	1.433
Aquatic Ecology	4	1.422	1.419
Environmental Biology of Fishes	4	1.57	1.41
European Journal of Wildlife Research	4	1.634	1.399
Wildlife Research	4	1.487	1.354
Community Ecology	4	1.214	1.346
New Zealand Journal of Ecology	4	1.057	1.322
Aquatic Invasions	4	1.613	1.294
Plant Species Biology	4	1.271	1.294
Fire Ecology	4	1.422	1.289
Journal of Tropical Ecology	4	0.904	1.203
Marine Biology Research	4	1.475	1.19
Rangeland Journal	4	1.096	1.145
Ecoscience	4	0.975	1.114
Chemistry and Ecology	4	1.047	1.099
Biochemical Systematics and Ecology	4	0.967	1.097
Journal of Biological Dynamics	4	1.033	1.033
Annales Zoologici Fennici	4	0.855	1.032
Wildlife Biology	4	0.88	1.018
Polar Science	4	0.952	0.952

续表

期刊名	分区	2014 年影响因子	3 年平均影响因子
Landscape and Ecological Engineering	4	0.723	0.942
Polish Polar Research	4	1.275	0.936
Journal of Natural History	4	0.881	0.862
Evolutionary Ecology Research	4	0.896	0.856
Journal of Fish and Wildlife Management	4	0.757	0.834
Proceedings of the Academy of Natural Sciences of Philadelphia	4	0.833	0.826
African Journal of Ecology	4	0.824	0.818
Revista Chilena De Historia Natural	4	0.646	0.802
Polar Record	4	0.667	0.756
Ekoloji	4	0.614	0.722
Tropical Ecology	4	0.887	0.715
American Midland Naturalist	4	0.773	0.687
Northwest Science	4	0.566	0.683
Natural Areas Journal	4	0.659	0.658
South African Journal of Wildlife Research	4	0.946	0.65
Compost Science & Utilization	4	0.583	0.614
African Journal of Range & Forage Science	4	0.971	0.59
Journal of Freshwater Ecology	4	0.65	0.546
Polish Journal of Ecology	4	0.567	0.541
Applied Ecology and Environmental Research	4	0.557	0.533
Ecotropica	4	0.5	0.5
Northeastern Naturalist	4	0.55	0.424
Vie Et Milieu-Life and Environment	4	0.375	0.415
Israel Journal of Ecology & Evolution	4	0.432	0.393
Southeastern Naturalist	4	0.431	0.386

续表

期刊名	分区	2014 年影响因子	3 年平均影响因子
Western North American Naturalist	4	0.355	0.373
Russian Journal of Ecology	4	0.39	0.337
Eco Mont-Journal On Protected Mountain Areas Research	4	0.394	0.326
Revue D Ecologie-La Terre Et La Vie	4	0.258	0.27
Southwestern Naturalist	4	0.273	0.253
Interciencia	4	0.194	0.241
Proceedings of The Linnean Society of New South Wales	4	0.172	0.172
Contemporary Problems of Ecology	4	0.185	0.154
Natural History	4	0.016	0.016

参考文献

[1] 云南大学精品课程. 生态学教学参考资料部分推荐书目[EB/OL]. [2016 – 11 –
    22]. http://ptstx. col. ynu. edu. cn/jxzx/doc/3. htm.

[2] 华中农业大学国家精品课程. 生态学参考书[EB/OL]. [2016 – 11 – 22]. ht-
    tp://nhjy. hzau. edu. cn/kech/stx/xxyd/ckzy. asp.

[3] 周金元. 研究生信息素质高级教程[M]. 镇江:江苏大学出版社,2013.

[4] 喻萍,詹纯喆,谢蓉. 现代经济信息检索与利用[M]. 北京:化学工业出版
    社,2010.

[5] 李建伟,杨阳. 我国核心期刊评价体系现状及问题研究[J]. 中国出版,2014
    (7):35—39.

[6] 邓宏炎. 参考文献重要功能探析[J]. 江汉大学学报,2000,17(1):92.

[7] 金碧辉,汪寿阳,任胜利,等. 论期刊影响因子与论文学术质量的关系[J]. 中
    国科技期刊研究 2000,11(4):202—205.

[8] 许家梁. 信息检索[M]. 北京:国防工业出版社,2004.

第三章　生态学电子资源

第一节　电子资源概述

电子资源,又称电子出版物,比较通行的看法是指由出版商或数据库商生产发行的、商业化的正式出版物,有数据库、全文电子期刊和电子图书等,其中数据库又包括参考数据库(书目、文摘、索引)、全文数据库和事实数据库[1]。电子资源的同义词还有数字化馆藏(digital collections)、电子信息(electronic information)、电子馆藏(electronic collections)、电子出版物(electronic publications)和数字资源(digital resources)等多种表达词语[2]。关于电子资源,国际上主要有三种权威定义:

(1)美国国会图书馆定义

1997年,美国国会图书馆给出最初的定义:"电子资源(electronic resources)是指经由计算机操作而呈现的作品,其利用方式包括直接获取或远程终端利用。有些尚需借用与计算机相连的外围设备,如:CD-ROM光盘驱动器。"[3]。

(2)国际图联(IFLA)定义

1999年,国际图联(IFLA)颁布的《国际标准编目描述》[ISBD(ER),International Standard Bibliographic Description for Electronic Resources]定义电子资源为"电子资源是计算机上使用的资料,包括需要利用计算机外围设备使用的资料(如CD-ROM驱动器),用于互动模式或非互动模式。包含有两类资源:数据(数字表格中的信息、文字、图表、图像、音像,或混合内容)和程序(指令或数据的处理程序),此外,还包含电子数据与程序的结合(如在线服务、多媒体)"[4]。

（3）中国教育部全国高校图工委定义

2004 年,教育部全国高校图工委为了规范各高校图书馆的统计、计量工作,颁布《高等学校图书馆数字资源计量指南》(2004)以及 2007 修订版都明确指出:凡图书馆引进(含购买、租用和受赠)或自建(包括扫描、转换和录入)的,拥有磁、光介质或网络使用权的数字形态的文献资源,为图书馆的电子资源(数字资源)[5]。

1. 电子资源类型

近年来,随着计算机、网络、通讯以及信息技术的发展,电子资源的种类和范围还在不断扩展,黄镝(2001)对电子资源类型进行了详细划分[6]。

电子资源按其载体形态划分主要有两大范畴:一是以光盘、磁盘、磁带等脱机载体出版的有形电子资源;二是在网络上出版的网上电子资源。数据库光盘和多媒体光盘曾经是图书馆电子文献的主要组成部分,但随着 Internet 的日益普及和飞速发展,网上资源的优势日趋显著。与光盘相比,网上资源不需要光盘塔等设备的投入和人员的日常操作维护,内容更新周期更快。因此,网上资源将成为图书馆电子资源的主体,光盘只是作为数据备份的辅助工具,这是一个不可逆转的趋势。

电子资源按发布形式不同可分为:数据库、电子期刊、电子图书、电子报纸、动态性信息、软件等。其中数据库是历史最久、影响最广的一种电子信息资源,它以先进的数据处理技术、深加工的信息以及与网络的完美结合,成为电子信息资源的主体。数据库涉及领域广泛,按其内容可划分为四种:①书目数据库,包括索引、文摘等二次文献数据库,如 EI、SCI 等;②数值数据库,主要包含数字数据,如统计数据、科学实验数据、科学测量数据等;③事实数据库,收录人物、机构、事务等的现象、情况、过程之类的事实性数据,如机构名录、大事记等;④全文数据库,提供完整的原始文献数据,集检索功能与浏览原文功能为一体,是目前最便捷、最具潜力的电子资源。

李芳等将高校图书馆电子资源划分为以下结构,见图4-1[7]。

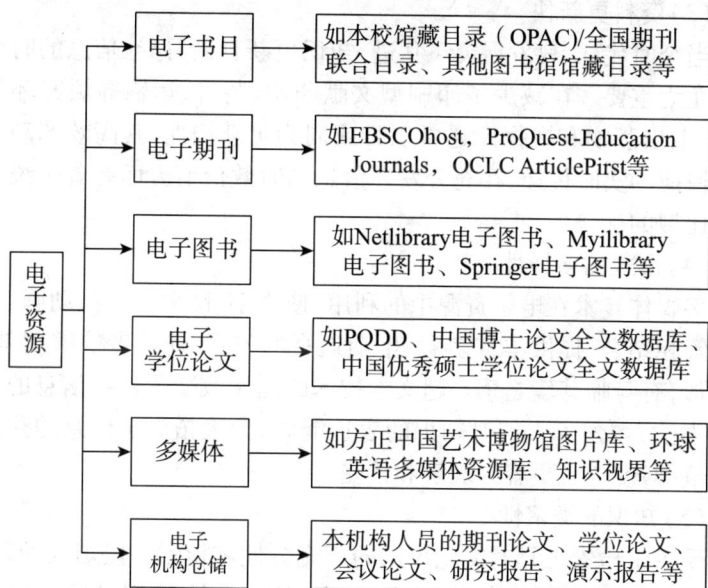

图4-1　电子资源结构图

2. 电子资源的特性

（1）易获取性

电子资源借助计算机与网络,向用户提供检索和传递资料的服务,因特网穿越时空的优势使读者在任何时候、任何地点均可通过网络获取电子资源。电子资源的提供使图书馆的服务在时间和空间上得以延伸,使信息的获取更为便捷。

（2）共享性

与传统文献相比,电子资源使多用户可在同一时刻下共享共用同一信息源。传统文献,如一册书或一本杂志,同一时间只能供一个读者阅读。而电子资源,如一个数据库可被多个用户同时检索,同一篇资料可供多个用户同时下载、浏览,体现了电子资源特有的实时共享性,提高了资源的利用率。

（3）资料更新快

当今时代,学科发展突飞猛进、知识更新日新月异,信息的时效性显得尤为重要。在减少了印刷型文献印刷、装订、运输等烦冗环节之后,网上出版物和数据库通常以日或周为更新周期,其高效的动态更新和快捷的实时传递,在充分发挥信息的时效价值方面有着传统文献无可比拟的优势。

（4）形式的多样性

多媒体技术在电子资源中的利用,使文字、图形、声音、动画、三维图像等相结合,提供丰富多彩、生动逼真的信息,使读者能够闻其声、见其形,有身临其境之感。超文本技术的运用改变了传统信息的线性组织方法,增强了人们对知识的表达能力,大大拓展了信息的获取和传播范围,使读者更容易理解和接受。

（5）知识的类聚性

受手工检索工具对文献揭示的不充分性和检索手段烦琐的限制,传统文献中大量有用知识被隐藏。而在网络环境下,依靠强大的检索软件可以使不同类型的相关信息聚集并有序化。目前,网络数据库有大型化趋势,同一公司制作的多种数据库产品的检索界面趋向统一,并可多库操作,对检索的完整性提供了可靠保证。除各数据库之间的链接外,数据库还可与图书馆书目查询系统进行链接,这些链接方式可以帮助读者从书目、题录、文摘等二次文献直接查阅到全文。

3. 电子资源类型

目前,大学图书馆电子资源主要有以下几种类型:

（1）电子期刊

电子期刊指可以用数字形式获取的连续性出版物,包括杂志、一般学术期刊、报纸、通讯年刊、学报等与期刊类似的连续出版物。与一般印刷型期刊的定义是一致的,它的形式有多种,并有不同的载体形式和格式,如 HTML、PDF、CAJ 等。

（2）电子图书

指类似书本的形式，文本可以检索的数字化文献，包括数字化专著、学位论文及其他与图书类似的出版物。

（3）电子数据库

电子数据库主要有以下 3 种：①全文数据库，提供完整的原始文献数据，集检索功能与浏览原文功能为一体的电子资源。②数值数据库，主要包含数字数据，如统计数据、科学试验数据、科学测量数据等。③事实数据库，收录人物、机构、事务等的现象、情况、过程等事实性数据，如机构名录、大事记、统计年鉴等。

电子数据库按学科类型可分为 3 种：①综合类。这类数据库中包括理工和人文社科方面的内容。如中国知网、ScienceDirect 期刊全文数据库等均属于该类。②理工科或人文社科类，如工程索引（EI compendex）属于工程类数据库，SSCI 数据库则属于社科类数据库。③单一学科。即数据库只包含某一学科的内容，如美国化学学会（ACS）数据库属于单一学科。

电子数据库的文献类型有电子图书、期刊论文、学位论文、会议论文、专利文献、标准文献等，有单一型也有综合型的。如万方数据资源系统中含有多种文献类型如期刊论文、学位论文、会议论文、专利文献和标准文献等。而 Proquest 学位论文数据库则只包含学位论文一种文献类型。

（4）网络免费资源（开放存取资源）

开放存取（Open Access，OA）运动于 20 世纪 90 年代末在国际学术界、出版界、信息传播界和图书情报界大规模地兴起。其初衷是解决当前的"学术期刊出版危机"，推动科研成果利用因特网自由传播，促进学术信息的交流与出版，提升科学研究的公共利用程度，保障科学信息的长期保存。2001 年 12 月，开放协会研究所在匈牙利的布达佩斯召集了一次有关开放访问的国际研讨会，并起草和发表了"布达佩斯开放存取倡议"（BOAI）。BOAI 对开放存取的定义为：开放存取文献是指 Internet 上公开出版的，允许任何用户对其全文进行阅读、下载、复制、传播、打印、检索或连接,允许爬行器对其编制索引,将其用作软件数据或用于其他任何合法目的,除网络自身的访问限制外不存在任何经济、法律或技术方面的障碍的全文文献。2012 年 10 月 22—24 日,国家科学图书馆举办"中国开放获取周(China Open Access Week)"国际研讨会。这是国内举办的首届开放获取周。面向科学界、学术界宣传介绍开放获取益处,交流开放获取实践经验,汇报开放获取实践成果,进而推动科学界对开放获取的关注和机构国家层面相关政策的实施。会议针对不同的实践形式,面向不同受众,分别设立"机构知识库日""中国机构知识库日""开放出版日"。开放存取资源包括两层含义:一是指学术信息免费向公众开放,它打破了价格障碍;二是指学术信息的可获得性,它打破了使用权限障碍。

第二节　生态学电子资源

生态学(Ecology)是研究生物与环境之间相互关系及其作用机理的科学。随着人类活动范围的扩大与多样化,人类与环境的关系问题越来越突出,近代生态学研究的范围除生物个体、种群和生物群落外,已扩大到包括人类社会在内的多种类型生态系统的复合系统。人类面临的人口、资源、环境等几大问题都是生态学的研究内容。由人类活动对环境的影响来看,生态学是自然科学与社会科学的交汇点;在方法学方面,研究环境因素的作用机制离不开生理学方法,离不开物理学和化学技术,而群体调查和系统分析更离不开数学的方法和技术;在理论方面,生态系统的代谢和自稳态等概念基本是引自生理学,而由物质流、能量流和信息流的角度来研究生物与环境的相互作用则可说是由物理学、化学、生理学、生态学和社会经济学等共同发展出的研究体系。

由此可见,生态学学科资源涉及自然科学与社会科学各个领域,很难说有数据库可以涵盖所有内容。目前,各高校图书馆所建设的生态学相关电子资源大多为综合类或其他相关学科类数据库,综合类如 ScienceDirect,SpringerLink,Wiley 等数据库都是生态学科重要的文献来源;相关学科如化学学科类的美国化学学会数据库(ACS),物理学科类的美国物理学会数据库(APS);地球科学类的美国地球物理学会(AGU)等。由于生态学科具有研究内容广泛、研究方法多样、研究手段新颖等特点,生态学电子资源的建设也需要多角度开展。本节从生态学电子图书、电子期刊、文献索引类数据库、事实数据库和网络免费数据库等角度介绍生态学电子资源的框架内容。

1. 电子图书

(1)电子图书概况

电子图书作为一种新形式书籍,拥有许多与传统书籍不同的或者是传统书籍不具备的特点:必须通过电子计算机设备读取并通过屏幕显示出来、具备图文声像结合的优点、可检索、可复制、有更高的性价比、有更大的信息含量、有更多样的发行渠道等。电子图书由三要素构成:①E-book 的内容,它主要是以特殊的格式制作而成,可在有线或无线网络上传播的图书,一般由专门的网站组织而成。②电子书的阅读器,包括台式电脑、手持数字设备(PDA)、手机、平板电脑等。③电子书的阅读软件如 Adobe 公司的 AcrobatReader、Glassbook 公司的 Glassbook、微软的 MicrosoftReader,超星公司的 SSReader 等,大多数的手机和平板电脑可直接阅读 TXT 文件。电子书的便携、容易使用、大容量的特点非常适合现代生活,使读者可以利用坐车、等待等碎片化时间阅读。随着技术的发展,高校图书馆购买的大量电子图书数据库也逐步支持在移动终端如手机、平板电脑上阅读,使读者可以随时随地阅读图书,充分利用了碎片化时间。

(2)电子图书类型

电子图书可以分为丛书、专著、参考工具书、地方志、古籍等。

专著是单行本电子图书,是系统了解各学科基础知识、进行跨学科领域研究最重要的参考内容。

丛书,是指由很多书汇编成集的一套书,按一定的目的,在一个总名之下,将各种著作汇编于一体的一种集群式图书,又称丛刊、丛刻或汇刻等。电子丛书是纸本图书的电子版,支持各种不同终端的在线阅读或下载。电子图书类数据库都有丛书,如超星电子图书数据库中含有大量政治、历史、文学类丛书,如中国政治思想通史·秦汉卷(全9卷)。SPRINGLINK 平台上有 1143 种丛书,其中的 *lecture notes in computer science* 从 1973 年开始出版第一卷,到 2010 年 9 月,已经出到第6353 卷。

参考工具书是作为工具使用的一种特定类型的书籍。具体而言,它是根据一定的社会需要,以特定的编排形式和检索方法,为人们广泛汇集,迅速提供某方面的经过验证的浓缩的基本知识或知识线索,专供查考的特定类型的书籍,例如:书目、索引、字典、词典、百科全书、手册、指南、年鉴、标准等工具书。电子工具书也是常见的资源类型之一,但较多以免费形式存在,比如许多省市地区的年鉴均可在官网中免费浏览和下载,不同语种的字典可以通过搜索引擎的翻译功能如百度翻译和 Google 翻译实现。

地方志。地方志书:简称"方志""地方志"。地方,即地域;志,就是"记述、记载"的意思。即按一定体例全面记载某一时期某一地域的自然、社会、政治、经济、文化等方面情况的书籍文献。部分地方志可以在网上免费获取,但绝大多数需要购买。数字化的地方志产品主要有超星公司和爱如生公司开发的地方志。

古籍。"古籍数字化"是指利用现代信息技术对古籍文献进行加工处理,使其转化为电子数据形式,通过光盘、网络等介质保存和传播。古籍数字化是对古籍或古籍内容的再现和加工,属于古籍整理的范畴,是古籍整理的一部分。随着数字化进程的加快,电子古籍类数据库呈现出逐年增多的趋势,也是各大高校图书馆采购的重要资源。

(3)生态学电子图书

生态学电子图书散落在各大综合类电子图书数据库中,国内规模较大的综合类电子图书数据库有超星数字图书馆、书香中国互联网数字阅读平台、方正 Apabi 电子图书数据库。国外规模较大的综合类电子图书数据库有 SpringerLink、Cambridge、Taylor & Fracis、Elsevier、Wiley、Ebrary、Netlibrary、Myilibrary 等。对生态学科来说,使用率较高的电子图书数据库有超星数字图书馆、SpringerLink、Cambridge、Taylor&Fracis、Ebrary。

1)超星数字图书馆

超星数字图书馆成立于 1993 年,是国内专业的数字图书馆解决方案提供商和数字图书资源供应商。超星数字图书馆,是国家"863"计划中国数字图书馆示范工程项目,由北京世纪超星信息技术发展有限责任公司投资兴建,目前拥有数百万册电子图书,包括文学、经济、计算机等 50 余大类。

超星数字图书馆提供多种阅读模式,可以通过网页阅读、超星阅读器阅读,部分图书还可以安装客户端在移动终端如手机、PAD 等阅读。各高校图书馆购买了该数据库后,可在学校 IP 范围内免费下载图书全文,但是具有一定的时限性,一般为 90 天,90 天后电子图书将从读者电脑自动删除。

为方便读者对图书的检索与阅读,大多数高校图书馆已将该数据库书目信息导入书目系统,读者可以通过书目检索系统直接进入超星数字图书馆。

2)读秀学术搜索

读秀是由海量全文数据及资料基本信息组成的文献搜索及获取服务平台,有 430 多万种中文图书、10 亿页全文资料,提供深入内容的章节和全文检索,部分文献的原文试读,以及获取各种类型学术文献资料的一站式检索和参考咨询服务。一站式检索实现了馆藏纸质图书、电子图书、学术文章等各种异构资源在同一平台的统一检索,并可通过文献传递服务,提供各高校图书馆未馆藏文献的电子版传递服务,为高校图书馆馆藏的补缺提供重要保障。读秀具有以下特点:

a)一站式检索。整合了包括图书、期刊、学位论文、报纸等不同文献类型的资源检索,并可整合各高校图书馆的纸本和已购超星电子图书馆藏,实现无缝链接。

b)文献传递,提供学位论文和最多50页的图书原文电子版文献传递,读者先根据显示的目录页,选定所需的页数,提交需求信息,原文以电子邮件的方式,发送到读者的信箱中,每次发送的原文可以有20天的有效期,这一期间内,读者可以随时浏览,但不得超过20次。

c)免费浏览图书的目录页、版权页、前言页、正文的前17页。

3)SpringerLink

Springer 于1842年在德国柏林创立,是世界上著名的学术出版集团,全球第一大STM(科学、技术和医学)图书出版商和第二大STM期刊出版商,每年出版9000余种科技图书和2400余种领先的科技期刊。SpringerLink平台整合了Springer的出版资源,收录文献超过800万篇,包括图书、期刊、参考工具书、实验指南和数据库,其中收录电子图书超过16万种,最早可回溯至19世纪40年代。该系列在学科上分为12个专题库:建筑、设计及艺术(2006年新推出)、行为科学、生物医学及生命科学、商业及经济、化学及材料科学、计算机科学、地球及环境科学、工程学、人文学科与社会科学及法学、数学、医学、物理学及天文学。在图书类型上包括图书、丛书及参考工具书。并包括了世界最具盛名的 Lecture Notes in Computer Science(《计算机科学讲义》)、Lecture Notes in Physics(《物理学讲义》)、Lecture Notes in Mathematics(《数学讲义》)、Lecture Notes in Earth Science(《地球科学讲义》)和 Lecture Notes in Control and Information Science(《控制与信息科学讲义》)等丛书。

4)Cambridge

剑桥大学出版社成立于1534年,是世界上历史最悠久、规模最大的大学出版社之一。自成立以来,剑桥大学出版社一直秉承剑桥大学严谨求实的学术传统,以其卓尔不群的风格和历久弥新的姿态在国际上享有盛誉。如今,剑桥大学出版社在全球聘用1800多名员工,同时向200多个国家和地区提供图书和期刊,其作者队伍及业务范围遍及全世界。剑桥大学出版社属非营利性机构,致力于在全球推动知识、教育、学习和研究,每年出版约 2500 本新书及近 300 种经同行评议的学术期刊。

Cambridge Books Online(剑桥图书在线,简称 CBO)是剑桥大学出版社电子书平台。每月更新,一年多次定期平台功能升级和更新。剑桥电子书平台上文科书数量大约占 70% 左右,理科占 25% 左右,医学占 5% 左右。各学科如下:文科——语言和语言学、政治、国际关系、经济学、美国历史、英国历史、欧洲历史、历史(其他区域和学科)、法律、美国文学、英国文学、欧洲和世界文学、考古学、人类学、艺术、古典学研究、舞台和戏剧、管理、音乐、哲学、教育、宗教学、社会学、电影媒体和大众传播学;理科——工程、数学、医学、物理、计算机科学、地球和环境科学、天文学、大众科学、地理和环境、生命科学、心理学、化学。

该平台中丛书类占 40% 左右(丛书目前仅包括该系列中部分图书)。重点丛书包括《英语语言研究》《剑桥应用语言学》《剑桥语言学研究》《剑桥比较政治研究》《细胞和分子微生物学进展》《非洲研究》《澳大利亚数学学会讲义》《剑桥航空航天系列》《剑桥天体物理学》《剑桥大气和空间科学》《剑桥古典研究》《剑桥知识产权和信息法》《剑桥当代中国》《剑桥应用与计算数学专著系列》《剑桥数学物理专著系列》《剑桥高等数学研究系列》《剑桥盎格鲁撒克逊研究论文》《剑桥中世纪文学研究系列》《剑桥哲学研究系列》《剑桥数学短论系列》《数学及应用百科大全》《国际水文学系列》《伦敦数学学会讲义》《伦敦数学学会教材》《剑桥无线电精要系列》等。

5)Ebrary

Ebrary 公司于 1999 年 2 月正式成立,由 McGraw-Hill Companies,Pearson plc 和 Random House Ventures 三家出版公司共同投资组建。Ebrary 电子图书数据库整合了来自 500 多家学术、商业和专业出版商的 80 多万册权威图书和文献,覆盖商业经济、社科人文、历史、法律、计算机、工程技术、医学等多个领域。其中大部分内容是近三年最新出版,一般每个月都新增几百种图书。Ebrary 与 1000 多家世界著名

的出版合作,其中包括大学出版社:The MIT Press;Yale Univ. Press;
Princeton Univ. Press;Harvard Univ. Press;Oxford Univ. Press;Stanford
Univ. Press 等;专业出版商:Elsevier;Springer;Emerald;Sage;Taylor &
Francis;Wiley-Blackwell 与 John Benjamins Publishing Company 等;学术
出版商:CABI Publishing;National Academies Press 等。

　　Ebrary 电子书是国际上较早支持读者决策采购(PDA)的数据库
之一。目前该数据库可以采用三种模式订购。①订阅模式(Subscrip-
tion):订阅模式下 Ebrary 按学科分为 16 个子库以及 1 个综合学术类
书库(Academic Complete),Academic Complete 收录 11.8 万多册电子
图书。②读者驱动型(Patron Driven Acquisition,PDA):Ebrary PDA 模
式可提供来自 ABC-CLIO/Greenwood、剑桥大学出版社(Cambridge Uni-
versity Press)、爱思唯尔(Elsevier)、Emerald、麦格劳 - 希尔公司(The
McGraw-Hill Companies)、Palgrave Macmillan、Taylor & Francis 和威立
(Wiley)等顶尖出版商的超过 53.6 万册权威书目。PDA 模式是读者
驱动型模式,PDA 模式下采购的书籍都是读者所需要的,是建设/增加
电子书特色馆藏的理想选择。图书馆可以通过买断模式挑选购买所
需书目,或购买打包促销的电子书。涵盖主题范围为综合学科类。包
含人文社会、自然科学、理工、医学等,共计收录 61.94 多万册电子书。
③短期借阅模式(Short-Term Loans):短期借阅模式是一种基于电子书
使用量促发借阅的模式,收录了超过 42.5 万册电子书。图书馆可以
单独采用这种经济型的采购模式,也可以作为读者驱动型(Patron
Driven Acquisition,PDA)模式触发购买书前的一项过渡环节。

　　6)Taylor & Francis 电子书

　　Taylor & Francis 集团拥有 200 多年丰富的出版经验,近 20 年来在
此雄厚基础上迅速发展,已成为世界领先国际学术出版集团。每年出
版超过 1800 种期刊,享有高质量美誉。出版的电子图书近 50 000 册。
Taylor & Francis eBooks 提供来自 Routledge、Taylor & Francis、Focal
Press 及 Psychology Press 等知名出版品牌的超过 45 000 册电子书,涵
盖考古学、亚洲研究、商业管理、经济学、英语与语言学、地理、保健研

究、历史、法律、文学等 20 个学科;16 个焦点选辑包括中国、发展研究、环境研究、伦理学、性别研究、全球化议题、人权研究、互联网文化与社会等。其中,Taylor & Francis 以出版科技书籍与参考书著称,在人类工程学、地理信息系统、建筑、土木工程、物理和生物技术等领域尤为突出。

（4）生态学电子图书举例

如前所述,生态学涉及自然科学与社会科学各个领域,从中引申出多个分支。谢平列举了生态学各分支的专著[8]。本书在华东师范大学图书馆已购电子图书数据库中查找了这些专著的全文。

表 4-1　生态学的分类及相应专著

生态学分支名称	外文生态专著	中文生态专著
生命层次		
分子生态学 Molecular Ecology	Freeland 2005	祖元刚等 1999（超星）
种群生态学 Population Ecology	Begon et al. 1996	徐汝梅 1987（注:昆虫种群生态学）（超星）
空间生态学 Spatial Ecology	Tilman & Kareiva 1997	—
集合种群生态学 Metapopulation Ecology	Hanski 1999	—
群落生态学 Community Ecology	Diamond & Case 1986	赵志模和郭依泉 1990（超星）
植被生态学 Vegetation Ecology	van der Maarel 2009	姜恕和陈昌笃 1994
系统生态学 System Ecology	Odum 1983	蔡晓明 2000（超星）
流域生态学 Watershed Ecology	Naiman 1992	—
景观生态学 Landscape Ecology	Forman & Godron 1986	傅伯杰 2011（读秀）
全球生态学 Global Ecology	Rambler et al. 1989	方精云 2000（读秀）
学科交叉		
生理生态学 Physiological Ecology	Townsend & Calow 1981	蒋高明 2004（注:植物生理生态学）（超星）

续表

生态学分支名称	外文生态专著	中文生态专著
营养生态学 Nutritional Ecology	Slansky & Rodriguez 1987	—
营养(级)生态学 Trophic Ecology	Mbabazi 2011	—
代谢生态学 Metabolic Ecology	Sibly et al. 2012	—
生物物理生态学 Biophysical Ecology	Gates 1980	—
化学生态学 Chemical Ecology	Sondheimer & Simeone 1970	阎凤鸣 2003(超星)
进化生态学 Evolutional Ecology	Pianka 1978	王崇云 2008(读秀)
地理生态学 Geographical Ecology	MacArthur 1972	—
地生态学 Geoecology	Huggett 1995	—
古生态学 Paleoecology	Dodd & Stanton 1981	杨式溥 1993(超星)
第四纪生态学 Quaternary Ecology	Delcourt & Delcourt 1991	刘鸿雁 2002(超星)
环境生态学 Environmental Ecology	Freedman 1989	金岚等 1992
污染生态学 Pollution Ecology	Hart & Fuller 1974	王焕校 1990(读秀)
水文生态学 Hydro-ecology	Wood et al. 2007	—
历史生态学 Historical Ecology	Crumley 1994	—
稳定同位素生态学 Stable Isotope Ecology	Fry 2006	易现峰 2007(超星)
理论生态学 Theoretical Ecology	May 1976	张大勇 2000(超星)
数学生态学 Mathematical Ecology	Pielou 1977	陈兰荪 1988(超星)
数字生态学 Numerical Ecology	Legendre & Legendre 1998	—
数量生态学 Quantitative Ecology	Poole 1974	张金屯 2004(超星)
统计生态学 Statistical Ecology	Young & Young 1998	—
实验生态学 Experimental Ecology	Resetarits & Bernardo 2001	—

续表

生态学分支名称	外文生态专著	中文生态专著
生物类别		
植物生态学 Plant Ecology	Warming 1895	张玉庭和董爽秋 1930
作物生态学 Crop Ecology	Loomis & Connor 1992	韩湘玲 1991（超星）
动物生态学 Animal Ecology	Elton 1927	费鸿年 1937（超星）
昆虫生态学 Insect Ecology	Speight et al. 1999	邹钟琳 1980（超星）
鸟类生态学 Avain(bird) Ecology	Perrins & Birkhead 1983	高玮 1993（读秀）
鱼类生态学 Fish Ecology	Wootton 1992	易伯鲁 1980（超星）
渔业生态学 Fisheries Ecology	Pitcher & Hart 1982	陈大刚 1991（超星）
野生生物（动物）生态学 Wild-life Ecology	Moen 1973	陈化鹏和高中信 1992（超星）
杂草生态学 Weed Ecology	Radosevich & Holt 1984	—
寄生虫生态学 Parasite Ecology	Huffman & Chapman 2009	—
微生物生态学 Microbial Ecology	Alexander 1971	夏淑芬和张甲耀. 1988（读秀）
疾病生态学 Disease Ecology	Learmonth 1988	—
生境类型		
森林生态学 Forest Ecology	Spurr & Barnes 1973	张明如 2006（超星）
草地生态学 Grassland Ecology	Spedding 1971	周寿荣 1996（超星）
海洋生态学 Marine Ecology	Levinton 1982	李冠国和范振刚 2011（读秀）
河口生态学 Estuarine Ecology	Day et al. 1989	陆健健 2003（超星）
潮间带生态学 Intertidal Ecology	Raffaelli & Hawkins 1996	—
海岸生态学 Coastal Ecology	Barbour et al. 1974	—
淡水生态学 Freshwater Ecology	Macan 1974	何志辉 2000（超星）
湖泊生态学 Lake Ecology	Scheffer 2004	—

续表

生态学分支名称	外文生态专著	中文生态专著
河流生态学 River Ecology	Whitton 1975	—
溪流生态学 Stream Ecology	Allan 1995	—
湿地生态学 Wetland Ecology	Keddy 2010	陆健健等 2006（读秀）
水库生态学 Reservoir Ecology	Tundisi & Straškraba 1999	韩博平等 2006（超星）
城市生态学 Urban Ecology	Bornkamm et al. 1982	于志熙 1992（超星）
道路生态学 Road Ecology	Forman 2003	—
廊道生态学 Corridor Ecology	Hilty et al. 2006	—
土壤生态学 Soil Ecology	Killham 1994	曹志平 2007（读秀）
动植物行为与功能		
行为生态学 Behavioral Ecology	Krebs & Davies 1997	尚玉昌 1998（超星）
扩散生态学 Dispersal Ecology	Bullock et al. 2002	—
繁殖生态学 Reproductive Ecology	Bawa et al. 1990	张大勇 2004（超星）
摄食生态学 Feeding Ecology	Gerking 1994	
认知生态学 Cognitive Ecology	Friedman & Carterette 1996	—
功能生态学 Functional Ecology	Packham et al. 1992	—
环境扰动与胁迫		
扰动生态学 Disturbance Ecology	Johnson & Miyanishi 2007	—
火生态学 Fire Ecology	Wright & Bailey 1982	—
胁迫生态学 Stress Ecology	Steinberg 2011	—
产业与应用		
工业生态学 Industrial Ecology	Graedel & Allenby 2002	邓南圣和吴峰 2002（超星）
农业生态学 Agricultural Ecology	Azzi 1956	曹志强和邵生恩 1996（读秀）

续表

生态学分支名称	外文生态专著	中文生态专著
资源生态学 Resource Ecology	Prins & van Langevelde 2008	—
恢复生态学 Restoration Ecology	Jordan III et al. 1990	赵晓英和陈怀顺 2001（超星）
应用生态学 Applying（or Applied）Ecology	Beeby 1993	何方 2003
组合或叠加		
传粉与花的生态学 Pollination and Floral Ecology	Willmer 2011	—
陆地植物生态学 Terrestrial Plant Ecology	Barbour et al. 1989 or 1999	—
理论系统生态学 Theoretical Ecosystem Ecology	Ågren & Bosatta 1998	—
微生物分子生态学 Molecular Microbial Ecology	Osborn & Smith 2005	张素琴 2005（读秀）
鸟类迁移生态学 The Migration Ecology of Birds	Newton 2008	—
应用数学生态学 Applied Mathematical Ecology	Levin et al. 1989	—
应用野外生态学 Practical Field Ecology	McLean & Ivimey Cook 1946	—
数量植物生态学 Quantitative Plant Ecology	Greig-Smith 1957	—
人文社会与人体健康		
深生态学 Deep Ecology	Devall & Sessions 1985	雷毅 2001（读秀）
人类生态学 Human Ecology	Hawley 1950	陈敏豪 1988（超星）

续表

生态学分支名称	外文生态专著	中文生态专著
社会生态学 Social Ecology	Alihan 1964	丁鸿富 1987（超星）
人口生态学 Population Ecology	Davis 1971	潘纪一 1988（超星）
政治生态学 Political Ecology	Cockburn & Ridgeway 1979	刘京希 2007（超星）
组织生态学 Organizational Ecology	Hannan & Freeman 1989	刘桦 2008（超星）
文化生态学 Cultural Ecology	Netting 1986	邓先瑞和邹尚辉 2005（读秀）
嵌套生态学 Nested Ecology	Wimberley 2009	—
道教生态学 Toaism Ecology		乐爱国 2005（超星）
语言生态学 Linguistic Ecology	Mühlhäusler 1996	—
健康生态学 Health Ecology	Hunarī et al. 1999	—
药物生态学 Pharma-Ecology	Jjemba 2008.	—

注：标明"超星"表明华东师范大学购买了全文，标明"读秀"表明可以通过文献传递获得部分全文。

表 4 - 1 显示，生态学各分支的经典专著在超星或读秀数据库中大多可以获得免费全文或部分全文，华东师范大学生态学科电子图书基本覆盖了生态学科的大多数领域。

2. 电子期刊

电子期刊（Electronic Journal），也称电子出版物、网上出版物。就广义而言，任何以电子形式存在的期刊皆可称为电子期刊，涵盖通过联机网络可检索到的期刊和以 CD - ROM 形式发行的期刊。各高校图书馆采购的电子期刊数据库大多为纸质期刊的电子版，目的是为读者提供更加方便快捷的论文在线浏览、下载的方式。电子期刊论文往往提供复制、高亮部分文字的功能，并可以增加批注。

目前，中文电子期刊数据库大多由代理商与各大出版社合作，集成为数据库。而外文电子期刊数据库的出版渠道主要有集成商、出版社、学/协会 3 种[7]。集成商主要有 EBSCOHost，ProQuest 等，整合了众多出版社的电子期刊，但很多期刊有时滞。出版社的典型有 Elsevier，Springer，Wiley，Blackwell，Taylor & Francis 等。学/协会主要有 IEEE（The Institute of Electrical and Electronics Engineers）、ACS（American Chemical Society）、ACM（Association for Computing Machinery）等。电子期刊数据库的销售模式主要有 3 种：①E-Only 方式。电子刊与纸本刊订购完全无关，价格互相不作抵扣，如 Nature Press；②E-only + DDP 方式。电子刊与纸本刊订购松绑，订购电子刊后，纸本刊给予 10%—30% 的 DDP，如 ACS；③P + E 捆绑方式。电子刊与纸本刊捆绑订购，纸本刊订购额不许减少，但允许以纸本刊 90%—95% 的订购额转订电子刊。

期刊论文具有出版迅速、内容新颖、信息丰富，且数量大、品种多、出版周期短，能够及时反映有关领域的最新动态信息。与其他文献类型相比，期刊论文是理工科研究人员参考最多的文献类型。虽然目前尚无生态学科的专业数据库，但由于生态学科分支错综复杂，与物理、生物、化学、环境，甚至社会科学都有交叉，因此，除一些综合类数据库外，这些学科的专业数据库也是生态学科重要参考数据库。

（1）全文电子期刊数据库

表 4 - 2 列出了生态学科相关电子期刊全文数据库，其中文理综合类电子期刊数据库按重要性排序。如外文类电子期刊全文数据库中，依对生态学科的重要性由高到低分别为 Wiley、ScienceDirect、SpringerLink、JSTOR、Taylor & Francis 等；中文类数据库重要性由高到低分别为中国期刊网、万方、维普、TAO。

表 4 - 2　生态学相关电子期刊全文数据库一览（按重要性排序）

学科类别	数据库名称	数据库简称
外文类		
文理综合类	Wiley Online Library	Wiley
文理综合类	ScienceDirect	ScienceDirect
文理综合类	SpringerLink Journals	Springer

续表

学科类别	数据库名称	数据库简称
文理综合类	JSTOR	JSTOR
文理综合类	Taylor & Francis Online	
文理综合类	WorldSciNet	WorldSciNet
文理综合类	Academic Source Premier (EB-SCOhost)	ASP
文理综合类	Emerald	Emerald
文理综合类	Academic Research Library (ProQuest)	ARL
文理综合类	Proceedings of the National Academy of Sciences of the United States of America	PNAS
文理综合类	Cambridge Journals	
文理综合类	Directory of Open Access Journals	DOAJ
文理综合类	Frontiers in China	
文理综合类	HighWire Press E-Journals	
文理综合类	Kluwer eJournals	Kluwer
文理综合类	LexisNexis Academic	LexisNexis
文理综合类	Oxford Journals	
文理综合类	Periodicals Archive Online	PAO
文理综合类	SAGE	SAGE
文理综合类	Scientific Research E-Journals	
文理综合类	Socolar-Open Access 一站式检索服务平台	Socolar
理科综合类	Nature Publishing Group E-Journals	Nature

续表

学科类别	数据库名称	数据库简称
理科综合类	Science Online	Science
地球科学/环境科学	American Geophysical Union	AGU(美国地球物理学会)
化学	American Chemical Society	ACS(美国化学学会)
化学	Royal Society of Chemistry	RSC(英国皇家化学学会)
计算机	ACM Digital Library	ACM(美国计算机学会)
生命科学	BioMed Central Open Access Journals	BioMed
生命科学	BioOne	BioOne
生命科学	Cell press journals	Cell
数学	SIAM	SIAM(美国工业和应用数学会)
物理	American Institute of Physics	AIP(美国物理研究所)
物理	American Physical Society	APS(美国物理学会)
物理	IOP eJournals	IOP(英国物理学会)
物理	Optical Society of America	OSA(美国光学学会)
物理/电子/计算机/通信	IEEE Xplore	IEEE
中文类		
文理综合类	中国期刊全文数据库	中国期刊网
文理综合类	万方学术期刊	万方
文理综合类	维普中文科技期刊数据库	维普
文理综合类	TWS 台湾学术期刊在线数据库	TAO

下面简要介绍生态学科重要参考电子期刊全文数据库：

1）外文类

A. Wiley

John Wiley & Sons Inc. 1807 年创立于美国，有 200 多年历史的国际知名专业出版机构，是全球历史最悠久、最知名的学术出版商之一。在化学、生命科学、医学以及工程技术等领域学术文献的出版方面颇具权威性，2007 年 2 月与 Blackwell 出版社合并，两个出版社的出版物整合到同一平台上提供服务。Wiley Online Library 是一个综合性的网络出版及服务平台，覆盖了生命科学、健康科学、自然科学、社会与人文科学等全面的学科领域。收录了来自 1500 余种期刊、10 000 多本在线图书以及数百种多卷册的参考工具书、丛书系列、手册和辞典、实验室指南和数据库的 400 多万篇文章，并提供在线阅读。由于该出版社在生命科学、自然科学的权威性，生态学科许多重要的、高质量的 SCIE 源期刊均由该公司出版，是生态学科重要的文献参考源。

B. ScienceDirect

荷兰爱思唯尔（Elsevier）出版集团是全球最大的科技与医学文献出版发行商之一，已有 180 多年的历史。ScienceDirect 系统是 Elsevier 公司的核心产品，自 1999 年开始向用户提供电子出版物全文的在线服务，包括 Elsevier 出版集团所属的 2500 多种同行评议期刊和 30 000 多种系列丛书、手册及参考书等，涉及四大学科领域：物理学与工程、生命科学、健康科学、社会科学与人文科学，其中大部分期刊被 SCI、SSCI、EI 收录，是世界上公认的高品位学术期刊。环境与生态学的大量 SCIE 期刊是由该出版社出版的，也是生态学科开展研究不可或缺的重要数据库。

C. SpringerLink

SpringerLink 平台整合了 Springer 的出版资源包括图书、期刊、参考工具书、实验指南。每年出版约 1700 余种科技期刊，其中超过 1500 种经同行评阅的期刊。Springer 电子期刊涵盖学科包括：行为科学、工程学、生物医学和生命科学、人文、社科和法律、商业和经济、数学和统计学、化学和材料科学、医学、计算机科学、物理和天文学、地球和环境科学、计算机职业技术与专业计算机应用、能源等学科,50% 以上期刊被 SCI 和 SSCI 收录。由于其在地球和环境科学方面的高质量的期刊,并且大多被 SCIE 收录,该数据库也是生态学科的重要参考源。

D. JSTOR

JSTOR 初始是一个对期刊过刊进行数字化的项目,目前是一个发现、保存学术研究成果的平台,重点提供人文及社会科学方面的期刊和图书。重点收集从创刊号到最近三五年前的过刊,目前提供 1000 多种期刊的全文访问,并不断有新刊加入。虽然该数据库涵盖的学科以人文社会科学为主,但是由于该库可以提供许多较早以前的文献,最早可以回溯到 1665 年,而且生态学分支繁多,许多人文社会科学的外文期刊可能也是参考文献,因此,该数据库也是重要的参考源。

E. Taylor & Francis

Taylor & Francis 集团拥有 200 多年丰富的出版经验,已成为世界领先国际学术出版集团。每年出版超过 1500 种期刊,提供超过 310 种经专家评审的高质量科学与技术类期刊,其中超过 78% 的期刊被汤森路透科学引文索引收录;内容最早至 1997 年。该科技期刊数据库包含 5 个学科:环境与农业科学、化学、工程、计算及技术、物理学和数学。由于其出版环境与农业科学学科的高质量期刊,也成为生态学科重要参考源。

随着科学研究越来越国际化,发表高质量的 SCIE 论文成为生态学科科研人员的考核指标之一。评价期刊质量的重要指标是期刊影响因子,每年更新一次的 SCIE 期刊影响因子成为科研人员关注的热点。表 4-3 列出了 2015 年生态学科影响因子排名前 20 名的期刊及在数据库中的分布情况。结果显示,生态学科影响因子排名前 20 名的期刊大多来源于 Wiley、BioOne 等数据库,部分 OPEN ACCESS 数据库也可以方便检索到这些期刊。

表4-3 2015年生态学影响因子排名前20位期刊

排名	刊名	期刊影响因子	被引总次数	所在数据库
1	Trends in Ecology & Evolution	16.735	30 421	ScienceDirect
2	Ecology Letters	10.772	25 887	Wiley
3	Annual Review of Ecology Evolution and Systematics	9.352	17 547	BioOne
4	Isme Journal	9.328	13 569	Nature
5	Frontiers in Ecology and the Environment	8.504	7340	Wiley
6	Global Change Biology	8.444	28 320	Wiley
7	Ecological Monographs	8.037	9501	Wiley
8	Methods in Ecology and Evolution	6.344	4429	Wiley
9	Journal of Ecology	6.180	16 192	Wiley
10	Bulletin of the American Museum of Natural History	5.952	2488	BioOne
11	Molecular Ecology	5.947	33 290	Wiley
12	Global Ecology and Biogeography	5.840	7915	Wiley
13	Ecography	5.355	8258	Wiley
14	Molecular Ecology Resources	5.298	7420	Wiley
15	Functional Ecology	5.210	12 037	Wiley
16	Journal of Applied Ecology	5.196	15 208	Wiley
17	Wildlife Monographs	5.125	745	JSTOR/OA
18	Journal of Animal Ecology	4.827	14 050	Wiley
19	Proceedings of the Royal Society B-Biological Sciences	4.823	41 127	BioOne
20	Ecology	4.733	55 531	Wiley

2）中文类

A. 中国期刊全文数据库

中国期刊全文数据库是中国知网出版的 CNKI 系列数据库之一，以学术、技术、政策指导、高等科普及教育类期刊为主，收录自 1915 年至今出版的期刊，部分期刊回溯至创刊年。内容覆盖自然科学、工程技术、农业、哲学、医学、人文社会科学等各个领域。收录国内学术期刊 8187 种，分为十大专辑：基础科学、工程科技 I、工程科技 II、农业科技、医药卫生科技、哲学与人文科学、社会科学 I、社会科学 II、信息科技、经济与管理科学。十大专辑下分为 168 个专题。中国期刊全文数据库因其收录范围广、全文年限长等优势是高校师生最常用的中文数据库之一，也是生态学科最常使用的参考文献源。

B. 万方学术期刊

万方数据资源系统是建立在因特网上的大型科技、商务信息平台，内容涉及自然科学和社会科学各个专业领域。包括：学术期刊、学位论文、会议论文、专利技术、中外标准、科技成果、政策法规、新方志、机构、科技专家等子库。收录自 1998 年以来国内出版的各类期刊 7000 余种，其中核心期刊 2800 余种，论文总数量近 2000 万篇，每年约增加 200 多万篇，每周两次更新。

C. 维普

本数据库由重庆维普资讯有限公司开发，收录我国自然科学、工程技术、农业科学、医药卫生、经济管理、教育科学和图书情报等学科文献的题录和全文，每年增加约 250 万篇。该数据库中的期刊回溯至 1989 年，但有部分期刊收录不完整。

中文三大期刊数据库虽然期刊互有交叉，但又各有独家期刊，因此，在专业文献检索时，不可以只依赖某一个数据库，而应该同时检索三个库，以保证查全。

（2）文摘索引类数据库

文摘索引数据库也称"二次文献数据库"，主要指对期刊论文、会议论文、专利文献、学位论文等文献进行内容和属性的加工，提炼出题名、作者、关键词、文摘、出处等主要信息并加工成数据库。常见的文摘索引数据库有:中国环境科学文摘数据库、美国剑桥科学文摘(CSA,Cambridge Scientific Abstracts)数据库等。

表4-4列出了生态学科相关文摘索引类数据库,其中综合类数据库依重要性由高到低排序。下面简要介绍一下部分生态学科重要的文摘索引类数据库。

A. Web of Science Core Collection(WOS-CC)

Web of Science 是 Thomson Reuters 公司开发的,基于 Web of Knowledge 平台的信息检索平台,通过这个平台用户可以检索关于自然科学、社会科学、艺术与人文学科的文献信息,包括国际期刊、免费开放资源、图书、专利、会议录、网络资源等,可以同时对多个数据库(包括专业数据库、多学科综合数据库及"中国科学引文数据库")进行单库或跨库检索,可以使用分析工具,可以利用书目信息管理软件建立个人文献数据库。Web of Science Core Collection(WOS-CC)是世界上有影响的多学科的学术文献文摘索引数据库,包含9个子库,清华大学订购了其中的7个子库:3个期刊引文子数据库——Science Citation Index Expanded(SCIE,1900 至今),Social Sciences Citation Index(SSCI,1998 年至今)和 Arts & Humanities Citation Index(A&HCI,1998 年至今)。数据来源于自然科学、社会科学、艺术及人文科学等多学科领域的超过 1.2 万种期刊,每周更新。2 个会议论文引文子数据库——Conference Proceedings Citation Index-Science(CPCI-S,1998 年至今),Conference Proceedings Citation Index-Social Science & Humanities(CPCI-SSH,1998 年至今)。数据来源于自然科学、社会科学及人文科学等多学科领域的国际会议录,每周更新。2 个化学数据库:Current Chemical Reactions 收录了来自期刊和专利文献的一步或多步新合成方法,Index Chemicus 则收录世界上有影响的期刊报道的新颖有机化合物,两个化学数据库可以用结构式、化合物和反应的详情和书目信息进行检索。2 个图书引文数据库:Book Citation Index-Science(BKCI-S,2005 年至今),Book Citation Index-Social Sciences & Humanities(BKCI-SSH,2005 年至今)。

B. Science Citation Index Expanded(SCIE)

SCIE 是科学引文索引扩展版(即网络版),主要收录自然科学、工程技术领域最具影响力的重要期刊,包括 2000 多种外围刊。SCIE 历来被全球学术界公认为是最权威的科技文献检索工具,提供科学技术领域最重要的研究信息。作为世界著名的三大引文索引数据库之一,SCIE 只收录各学科最优秀的学术期刊,目前 SCIE 共收录了 8600 多种自然科学领域的世界权威期刊,覆盖了 176 个学科领域。

C. EI Village 2(EI)

EI Compendex(1884—):对应的印刷版检索刊为《工程索引》,是目前最常用的文摘数据库之一,侧重于工程技术领域的文献的报道,涉及核技术、生物工程、交通运输、化学和工艺工程、照明和光学技术、农业工程和食品技术、计算机和数据处理、应用物理、电子和通信、控制工程、土木工程、机械工程、材料工程、石油、宇航、汽车工程以及这些领域的子学科。其数据来源于 5100 种工程类期刊、会议论文集和技术报告。每周更新。

D. 中国科学引文数据库

中国科学引文数据库收录 1989 年至今中国出版的 1200 余种中、英文科技核心期刊和优秀期刊,覆盖数学、物理、化学、天文学、地学、生物学、农林科学、医药卫生、工程技术、环境科学和管理科学等学科领域。数据库提供被收录文献的书目信息检索,同时还提供被引用文献的著者和来源检索。

E. MEDLINE

MEDLINE 是由美国国家医学图书馆(NLM)及合作机构编制的关于生命科学(包括生物医学、生命科学、生物工程、公共健康、临床护理,以及植物科学和动物科学)的文献数据库。记录来源于 1950 年以来的 4900 多种以 30 多种语言出版的期刊,每年新增记录约 50 万条。利用 Web of Science 平台可以检索到正在处理中的 MEDLINE 记录(In-Process Records),了解最新的研究进展。

表4-4　生态学相关文摘索引类数据库一览(按重要性排序)

分类	数据库名称	数据库简称
理科综合类	Science Citation Index Expanded (Web of Knowledge)	SCIE
理科综合类	Ei Village 2	EI
理科综合类	Emerald-International Civil Engineering Abstracts	
理科综合类	中国科学引文数据库	CSCD
地球科学/环境科学	GreenFILE(EBSCOhost)	
化学	Analytical Abstracts	
化学	Catalysts & Catalysed Reactions	
化学	Index Chemicus(Web of Knowledge)	IC
化学	Methods in Organic Synthesis	
化学	Natural Product UPDAtes	
化学	SciFinder Scholar	SciFinder
计算机	Emerald-Computer Abstracts	
计算机通信	Emerald-Computer & Communications Security Abstracts	
区域研究	New Zealand Asia Information Service	
人文、艺术	Arts & Humanities Citation Index (Web of Knowledge)	AHCI
生命科学	BIOSIS Previews(Web of Knowledge)	BP
生命科学	MEDLINE	MEDLINE
数学	MathSciNet	MathSciNet
物理	SPIN	SPIN
物理、电子、计算机、通信	INSPEC(Web of Knowledge)	INSPEC
文科综合	Social Science Citation Index (Web of Knowledge)	SSCI

3. 电子学位论文数据库

学位论文是指为了获得所修学位,按要求被授予学位的人所撰写的论文。根据《中华人民共和国学位条例》的规定,学位论文分为学士论文、硕士论文、博士论文三种。由于博士、硕士学位论文学术性、参考性较强,现有数据库大多收录的是博士学位论文及部分优秀硕士学位论文。国内外较有影响的学位论文数据库主要有中国博士学位论文全文数据库(中国知网)、中国优秀硕士学位论文全文数据库(中国知网)、万方学位论文数据库、ProQuest 学位论文库(ProQuest Dissertaions and Theses,PQDT)。此外,各高校图书馆往往还建有机构库,储存本校毕业的所有博硕士学位论文的电子版,并通过数据库的方式方便师生检索、浏览和下载。

A. 中国博士学位论文全文数据库/中国优秀硕士学位论文全文数据库(1984—)

数据来源于全国 380 家博士培养单位和 530 家硕士培养单位 1999 年至今的博硕士论文(部分收录 1999 年以前的论文)。产品分为九大专辑:理工 A、理工 B、理工 C、农业、医药卫生、文史哲、政治军事与法律、教育与社会科学综合、电子技术及信息科学、经济与管理。

B. 万方学位论文全文数据库(1980—)

万方学位论文库收录了国家法定学位论文收藏机构—中国科技信息研究所提供的自 1980 年以来我国自然科学领域各高等院校、研究生院及研究所的硕士研究生、博士研究生及博士后论文,总计 110 余万篇。

C. ProQuest 学位论文库(1637—)

该库收录了欧美 1000 余所大学的 270 万篇学位论文记录,是目前世界上最大和最广泛使用的学位论文文摘索引库。多数论文可看到前 24 页论文原文,近几年少量开放获取学位论文免费提供全文。同时购买了 ProQuest 学位论文全文库的高校图书馆,读者可以在全文库中查看全文。

中国知网与万方学位论文数据库数据即有共性，又有个性，在检索时，可以同时检索2个数据库，以保证查全率。

4. 网络免费资源

网络免费资源是图书馆订购电子资源的重要补充，各高校图书馆已逐步将一些高质量、来源稳定的免费学术资源列入图书馆的电子资源列表中。随着开放存取（Open Access，OA）运动的发展，网络免费信息资源将成为图书馆信息资源的重要组成部分。

开放存取是不同于传统学术传播的一种全新机制，其核心特征是在尊重作者权益的前提下，利用互联网为用户免费提供学术信息和研究成果的全文服务。首先，开放存取是基于互联网的学术传播机制。互联网的发展导致学术传播成本的下降，从而为学术信息的开放存取提供了可能。其次，开放存取是免费提供全文的信息服务方式。在开放存取模式下，科研人员不需要通过付费（包括个人订阅或者团体订阅）就能访问学术信息的全文。再次，开放存取充分尊重作者的权益，并不违背知识产权的精神。基于开放存取传播的作品不一定都是"公共领域作品"，它并没有要求作者放弃对作品的全部权利，作者可以基于不同法律文本和授权协议（比如知识共享协议）对作品版权进行取舍。开放存取自出现以来，OA期刊和仓储得以迅速发展。目前，全世界已有5225个人和534个相关研究机构签署信息自由传播会议（Budapest Open Access Initiative，BOAI）计划协议。

OA资源已成为获取全文的重要途径之一。国内外高校和图书馆均在积极建设各类资源供免费下载。目前，OA资源主要包括以下几种类型：

（1）OA期刊

开放存取期刊是一种免费的网络期刊，旨在使所有用户都可以通过因特网无限制地访问期刊论文全文。此种期刊一般采用作者付费出版、读者免费获得、无限制使用的运作模式，论文版权由作者保留。在论文质量控制方面，OA期刊与传统期刊类似，采用严格的同行评审制度。开放存取期刊不再利用版权限制获取和使用所发布的文献,而是利用版权和其他工具来确保文献可永久公开获取。

(2)OA 仓储

OA 存储也称为 OA 知识库,包括基于学科的存储和基于机构的存储。学科 OA 存储最早出现在物理、计算机、天文等自然科学领域,采取预印本的形式在网上进行专题领域的学术交流。于是一些学术组织开始自发地收集这些可共享的学术信息,将其整理后存放于服务器中供用户免费访问和使用。发展至今,很多学科 OA 仓储仍主要以预印本资源库的形式存在,对某一学科领域或多个学科领域中的所有研究者开放,提供免费的文献存取和检索服务,以供交流、学习。机构 OA 存储的主体一般为高校图书馆、科研院所或学术组织,存储对象为组织或机构的内部成员在学术研究过程中产生的各种有价值资源,如项目研究成果(包括开题报告、中期报告、结题报告等)、调查研究报告、硕/博士学位论文、会议论文,甚至包括课程讲义、多媒体资料等。

(3)其他 OA 资源

除上述两种形式外,各种其他形式的 OA 资源也陆续涌现,如个人网站、电子图书、博客、学术论坛、文件共享网络等。但这些资源的发布较为自由,缺乏严格的质量保障机制,较前两类开放存取出版形式而言,随意性更强,学术价值良莠不齐。

统计调查表明,OA 出版可以显著提高论文的被引频次。例如,对 119 924 篇公开发表的计算机科学方面的会议论文调查发现,OA 论文的平均被引次数为 7.03,非 OA 论文的平均被引次数为 2.74;又如,在电子工程学科中,发表于同一种期刊中 OA 论文的平均被引次数为 2.35,非 OA 论文的平均被引次数为 1.56;在数学类论文中,发表于同一种期刊中 OA 论文的平均被引次数为 1.60,非 OA 论文的平均被引次数为 0.84。

第三节　PDA

读者决策采购(Patron-Driven Acquisition,PDA),有许多表述不同但含义相同的表达方式,如"按需购买"(Purchase on Demand/Books on Demand)、"需求驱动采购"(Demand-Driven Acquisition)、"用户驱动采购"(User-Driven Acquisition/Patron-Initiated Acquisition)。国内同人将其解读为"是赋予读者决策权的文献资源建设模式,即将读者的阅读需求量化成一定指标,并以此确定购入的文献"[9]。国外学者将其理解为一项服务,即"图书馆将馆藏选择权利直接赋予用户,通常指的是允许用户在 OPAC 中发现图书馆未入藏的图书,在馆员最少干预下,用图书馆经费触发购买"[10]。

与传统模式下图书馆先买下所有文献、再开放给读者阅读不同,PDA 则是先根据该馆的馆藏政策,参照传统的纲目购书或阅选计划(Approval Plan),设定购书范围及每本书的预设文档(Profile),将书商目录导入图书馆的馆藏检索系统(OPAC)。这时图书馆只是将这些书目展示给读者,但尚未向书商支付费用。只有当读者真正开始通过点击链接直接阅读该书,并达到图书馆预设的次数、时间、人数等指标门槛后,才会自动触发图书馆向书商租用或购买的指令。各馆同书商谈判确定的租用或购买指标各不相同,有的 3 次点击即触发购买,有的则 10 次,有的另附加其他指标如浏览时间和人数等,不足规定次数按浏览的时间收费,一般为书价的 5%[11]。

读者决策采购真正实现了购买决策由读者来决定,而不是靠学科馆员假想、预测,从根本上改变了馆藏文献利用率低的状况。同时,图书馆和读者不再受限于书商提供的文摘,而是立即获得所需文献的全文,没有时滞;付费系统在后台运行,读者不会意识到自己的阅读行为是否触发购买指令,从而不必人为改变自己的阅读需求。美国普渡大学、伊利诺伊香槟分校、威尔斯利女子学院在实施 PDA 后发现,读者决策采购实现由读者的阅读行为驱动购买决策,克服电子图书打包购买的弊病,使有限的经费花在读者真正需要的图书上;PDA 实现读者一站式获取文献。图书利用率高,不会有零借阅率;PDA 满足读者个性化、小众化文献需求。真正做到信息获取的人人平等[11]。

目前,PDA 模式主要在国外高校图书馆实施,我国高校图书馆尚无案例报道。但是 PDA 以用户为主导的理念及其实施后的优势是显而易见的,国内高校图书馆实施也势在必行。生态学科读者可以在各高校图书馆实施该模式后自行选择有需求的图书,积极参与馆藏建设中。

参考文献

[1] 肖珑,张宇红.电子资源评价指标体系的建立初探[J].大学图书馆学报,2002,20(3):35—42.

[2] 徐革.大学图书馆电子资源绩效评价研究[M].成都:西南交通大学出版社,2008.

[3] Drar L. Interim Guidelines for Cataloging Electronic Resources[EB/OL].[2016 - 11 - 26]. http://www. 10c. gov/catdir/cpso/elec-res. html

[4] Isbd. International Standard Bibliographic Description for Electronic Resources [EB/OL].[2016 - 11 - 26]. http://www. ifla. org/VII/s13/pubs/isbd2. htm#4.

[5] 全国高校图工委.高等学校图书馆数字资源计量指南[EB/OL].[2016 - 11 - 26]. http://www. calis. edu. ca.

[6] 黄镝.图书馆电子资源的引进和管理[J].图书馆学研究,2001(6):69—72.

[7] 李芳,彭佳,杨眉,等.学科信息资源建设方法[M].上海:上海交通大学,2012.

[8] 谢平.从生态学透视生命系统的设计、运作与演化——生态、遗传和进化通过生殖的融合[M].北京:科学出版社,2013.

[9] 刘华.以读者为主导的文献资源建设——美国学术图书馆读者决策采购(PDA)研究[J].图书情报工作,2012(5):89—93.

[10] Walker K. Patron-Driven Acquisition in U. S. Academic Research Libraries:at the Tipping Point in 2011? [J]. Bibliothek Forschung Und Praxis,2012,36(1):125—129.

[11] 刘华.“读者决策采购”在美国大学图书馆的实践及其对我国的启示[J].大学图书馆学报,2012(1):45—50.

第四章　生态学资源利用

　　网络的快速发展,数字化信息的冲击,信息获取方式与技能的转变,使得人们的生活与工作前所未有的受到信息化、网络化时代的影响。获取信息的终端从固定走向移动,使得人们生活变得更加的快捷、方便。与此同时,大学生的学习也与网络发展紧密联系,传统的教与学的方式因互联网的快速发展而发生巨大的改变。然而,海量信息的存在也具有鱼龙混杂的危险,从中筛选有价值的、正确的信息变得越来越困难。那些不能够正确获取、辨别与评价信息的学生也将会迷失在大量的信息之中。提高读者的信息素养能力成为新时期高校图书馆的首要任务之一。"信息素养"(Information Literacy)的本质是全球信息化需要人们具备的一种基本能力。信息素养这一概念是信息产业协会主席保罗·泽考斯基于 1974 年在美国提出的。简单的定义来自 1989 年美国图书馆学会(American Library Association,ALA),它包括:能够判断什么时候需要信息,并且懂得如何去获取信息,如何去评价和有效利用所需的信息。

　　生态学纸质资源散落于图书馆各个书库中,电子资源则分散在各大数据库中,任何人都不可能通过手动方式来逐一查找,了解一些简单的信息检索途径与方法是有效利用生态学资源的重要基础。

第一节　检索的途径与方法

1. 检索途径

　　信息检索途径依赖于文献信息的特征。文献信息具有两种特征,内容特征和外部特征。文献的内容特征指反映文献主要内容的著录项包括文献的题名、关键词、主题词、摘要等。文献的外部特征主要指文献载体上标明的不反映文献内容的著录项,如作者、刊名、出版地、出版年份、语种等。

(1)题名途径

文献题名是指文献的名称,如书名(图书)、刊名(期刊)、篇名(学位论文篇名、期刊论文篇名、会议论文篇名等)、专利发明名称、标准名称、产品名称、文件名称、机构名称、作者名称、事物名称、事件名称等。由于文献名称比较直接、准确地反映文献特征,便于用户识别、判断文献的相关信息,符合用户检索习惯,因此无论什么样的检索系统都把它作为最基本、最重要的检索途径提供用户使用。

(2)责任者途径

责任者途径是依据文献信息责任者的名称特征进行检索的途径,也称著者途径。责任者一般指作者、译者、编者等。不仅有个人责任者,还有团队责任者。责任者检索途径可以查询到同一著者、同一机构发表的所有文献信息,但应该注意不同国家姓名的写法和用法。

(3)分类途径

分类途径是以文献所反映的内容所属学科的分类体系为线索开展检索的途径。即根据一定的文献分类规范,按照所描述对象的学科分类体系,赋予每一个文献(一本书、一篇论文、一件专利等)一个或多个能够揭示文献内容特征、能够表征所属学科分类等级、具有特殊含义的由字母或数字(或共同)构成的代号即分类号,提供用户从学科体系、专业属性方面检索文献,以得到一系列内容上具有从属关系或相互关联、前后继承的相关文献。《中国图书馆图书分类法》(简称"中图法")作为我国图书分类的国家标准,根据书籍内容的学科属性及知识的内在联系,采用字母作为学科代号,将图书划分为"A 马列主义、毛泽东思想,B 哲学,C – K 社会科学,N – T 自然科学,Z 综合性图书"五大部类,22 个基本大类,是我国各级各类图书馆进行图书分类、管理、组织、利用的依据和基础。

(4)主题途径

主题途径是按照文献的主题内容查找文献的途径,查找中使用的检索语言是主题语言,使用的检索系统是"标题索引""关键词索引""单元词索引""叙词索引"等。索引按照主题词或关键词的字顺排列,检索就像查字典一样,不必考虑学科体系,所以在信息检索时,主题途径使用较为方便。用主题途径的优点是它用文字检索标识,表达概念准确、灵活,能把同一主题内容的文献集中在一起,便于特性检索。

2. 检索方法

通常信息检索的方法主要有三种:追溯法、常用法、浏览法。

(1)追溯法

追溯法也称引文法,是一种跟踪查找方式。就是当查到一篇参考价值较大的新文献后,以文献后面附的参考文献为线索而查找相关文献原文的一种方法。在可利用的信息源比较少的情况下,这是一种扩大信息来源最简单的方法。若有必要,还可根据那些已追查到的原文后面的参考文献再继续跟踪下去,并不断扩展延伸,甚至追溯到该课题的起源研究的相关文献。美国《科学引文索引数据库(SCI)》和中国科学院的《中国科学引文索引数据库(CSCD)》就是基于这种思想编制出来的,通过文献间的引证关系来查找文献,不失为一种回溯查找相关文献和追溯科研发展轨迹的行之有效的方法。但由于参考文献的局限以及引证文献之间关系的模糊性或非相关性,不可避免地会影响到检索结果,而且往往不能引出全部有关文献。

(2)常用法

常用法也叫检索工具法,是利用计算机信息检索系统(数据库)或传统检索工具查找文献的方法,即是以主题、分类、著者等途径,通过检索工具获取所需文献的一种方法,这是一种常规的科学检索方式,是本书介绍的重点。

不同计算机信息检索系统有不同的检索方法,但常见的计算机信息检索方法有:简单检索、高级检索、命令式检索、分类导航法等。

1)简单检索:也称快速检索,一般不用进行字段限定,直接输入检索词进行检索,或只对主要的字段进行限定但不提供逻辑组配功能。

2）高级检索：具有较详细的字段限定功能和逻辑组配功能，一般提供几个不同的检索式输入框，可选择逻辑组配关系对检索词进行限定，较简单检索功能更强，更灵活，是科研人员常用的检索方法。

3）命令式检索：根据逻辑组配关系和其他检索技术编制检索命令式进行检索，典型的命令式检索有国际联机 DIALOG 检索系统的命令检索，命令式检索功能灵活强大，但需要对数据库和检索技能有较深的了解，通常适用于专业检索人员。

4）分类导航法：分类导航法指根据学科的分类逐级展开浏览或检索所需学科文献信息的方法，通过分类导航法通常可浏览该学科的所有文献。如 ScienceDirect 数据库的各类常用检索方法（见图 4－1）。

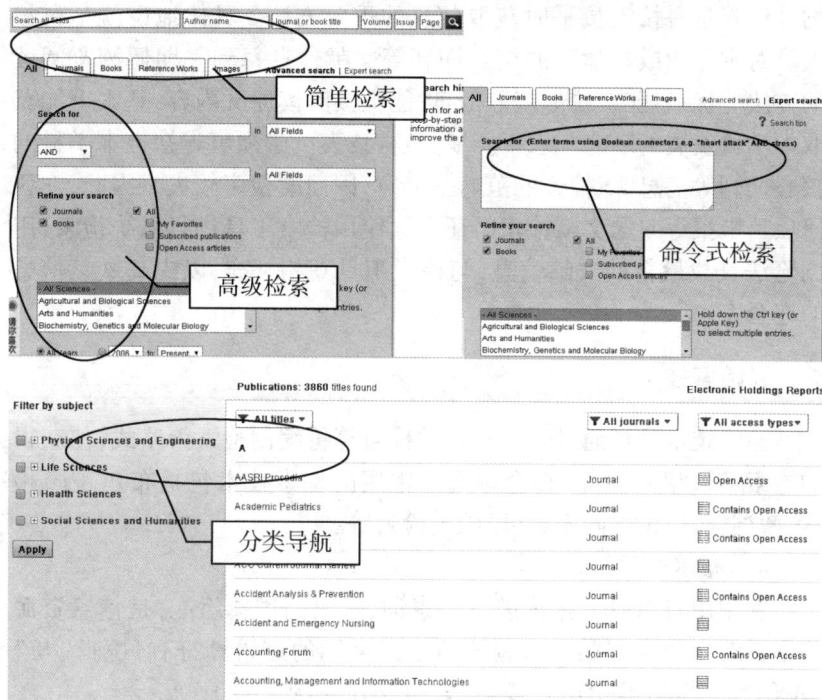

图 4－1 ScienceDirect 数据库各类常用检索方法

由于每个计算机信息检索系统均有各自不同的信息检索方法和特点,只有掌握信息检索的基本方法和计算机信息检索的基本技能,并充分了解各个数据库的具体特点,才能在不同的数据库中做到游刃有余,快速准确地检索出所需信息。

(3)浏览法

通过检索工具搜索文献是科技人员获得文献的主要途径,只要方法得当,往往可以事半功倍,在短时间里获得大量切合课题需要的文献。但是,由于任何一种检索工具都只能收录有限的期刊和图书等文献信息,而且检索工具与原始文献之间往往有半年左右的时间差。为了弥补这些缺陷,科技人员还必须借助其他方法来收集文献。其中,浏览法就是科技人员平时获取信息的重要方法。具体地说就是科技人员对本专业或本学科的核心期刊等文献信息每到一期便浏览阅读的方法。优点:能最快地获取信息;能直接阅读原文内容;基本上能获取本学科发展的动态和水平。缺点:科技人员必须事先知道本学科的核心期刊等信息源;检索的范畴不够宽,因而漏检率较大。因此,在科研项目申报等专题文献检索时还必须使用检索工具进行系统检索,用浏览法查找最新的文献信息,与检索工具互相补充,以提高文献信息的查全率。

3. 检索技术

检索技术是指通过采用一定的检索算符编制检索策略式,使获得的检索结果相关性好、查全率高。常用的检索技术包括布尔逻辑检索、截词检索、位置限定、字段限定检索等。

(1)布尔逻辑检索

利用用布尔逻辑算符进行检索词、短语的逻辑组配,是信息资源检索系统中最常用的一种检索方法。常用的逻辑算符有:逻辑"与"(AND)、逻辑"或"(OR)、逻辑"非"(NOT)(图4-2)。

用布尔逻辑算符表达检索要求,既要考虑要检索的课题,也要熟悉算符本身的特点,而且要注意,不同的运算次序会产生不同的检索结果。这些逻辑算符在运算中的优先次序一般为 NOT、AND、OR。可以用括号"( )"改变它们之间的运算顺序。例如,(A oR B) AND C,根据优先次序,AND 运算应当先进行,但用括号将"A OR B"括起后,就应先处理"A OR B",再将该次检索结果与 C 作逻辑与运算。

　　不同的检索系统中,逻辑算符的表示方式有所不同,在所有的外文数据库中,仍用 AND 表示逻辑与,OR 表示逻辑或,NOT 表示逻辑非。但是在大多数中文数据库中则用"＊"表示逻辑"与"、"＋"表示逻辑"或"、"－"表示逻辑"非",使得检索式变得更加简洁。

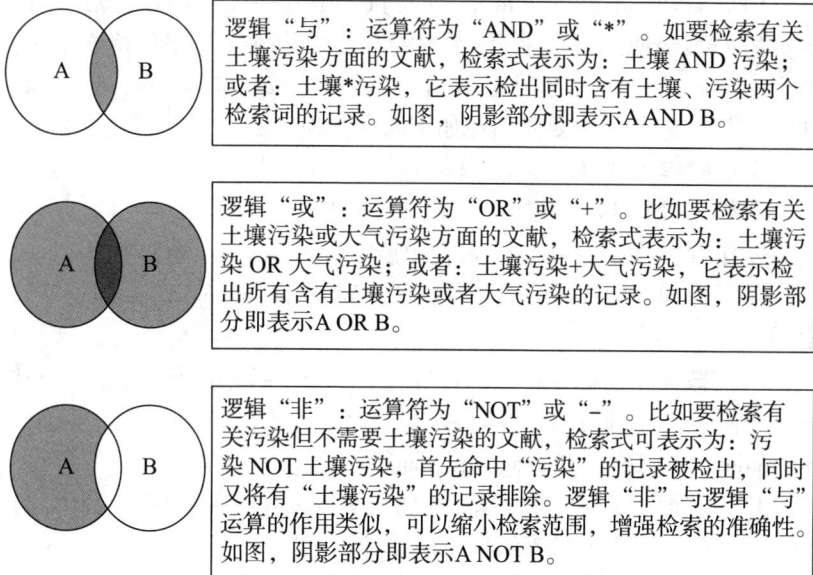

逻辑"与":运算符为"AND"或"＊"。如要检索有关土壤污染方面的文献,检索式表示为:土壤 AND 污染;或者:土壤＊污染,它表示检出同时含有土壤、污染两个检索词的记录。如图,阴影部分即表示A AND B。

逻辑"或":运算符为"OR"或"＋"。比如要检索有关土壤污染或大气污染方面的文献,检索式表示为:土壤污染 OR 大气污染;或者:土壤污染＋大气污染,它表示检出所有含有土壤污染或者大气污染的记录。如图,阴影部分即表示A OR B。

逻辑"非":运算符为"NOT"或"－"。比如要检索有关污染但不需要土壤污染的文献,检索式可表示为:污染 NOT 土壤污染,首先命中"污染"的记录被检出,同时又将有"土壤污染"的记录排除。逻辑"非"与逻辑"与"运算的作用类似,可以缩小检索范围,增强检索的准确性。如图,阴影部分即表示A NOT B。

图 4 － 2　布尔逻辑算符的含义

（2）截词检索

　　截词检索主要是利用检索词的词干或不完整的词形进行非精确匹配检索,凡含有词的这一部分的所有字符或字符串的文献信息,均被认为是命中结果。截词检索是外文数据库检索中应用非常普遍的一种技术。由于西文的构词特性，在检索中经常会遇到名词的单复数形式不一致；同一个意思的词，英、美拼法不一致；词干加上不同性质的前缀和后缀就可以派生出许多意义相近的词等。如果在检索式中加上所有这些检索词，就会使得检索式过于冗长。截词检索通常用截词符来实现，外文数据库中常用的截词符为"＊"。如需要检索词干部分相同的如下检索词：computer，computing，computation，则只需要在词干 comput 后加一截词符，在检索框内输入 comput＊即可同时检索出词干相同的所有词，保证查全率。

根据截断的位置，截词检索可以分为后截词、前截词和中截词。

1）后截词。后截词最常用，即将截词放在一个字符串之后，用以表示后面有限或无限个字符，不影响其前面检索字符串的检索结果。如 physic＊，可检出的词汇有：physic、physical、physician、physicist、physics 等。后截词主要使用在如下四个方面：

①词的单复数，如 book＊、potat＊。

②年代，如 1987（80 年代）、1977（20 世纪）。

③作者，如用 Lancaster＊可检出所有姓 Lancaster 的作者。

④同根词，如用 biolog＊，可检出 biological、biologist、biology 等同根词。

2）前截词。前截词将截词符号置于一个字符串的前方，以表示其前方有限或无限个字符，不会影响后面检索字符串的检索结果。如＊magnetic 可以检出 biomagnetic，magentic 等。

3）中截词。又称中间屏蔽，指将检索字符置于一个检索词中间，不影响前后字符串的检索结果。具体地说，就是在一串字符中插入一个或几个屏蔽符号"？"或"！"，表示在问号的相应位置上可转换数目相当的字符。

对于一些单、复数变化异常的词和英、美拼法不同的词，利用中截词可进行一次性选词，提高检索效率。如 wom？n，可一次性检出包含 women 和 woman 的文献信息。

（3）词组检索

词组检索也称为短语检索，或字符串检索。它是将一个词组或短语用双引号（""）括起作为一个独立运算单元，进行严格匹配，以提高检索准确度的一种方法。目前，国内外数据库检索系统均支持词组检索，如以"土壤污染"作为关键词检索时，检索结果中"土壤污染"均以词组形式出现。

以上提及的检索技术是读者在实施检索过程中最常用的，可以同时在数据库和搜索引擎中使用。

第二节　生态学资源利用

1. 生态学纸质资源获取方法

馆藏的纸质资源主要是通过各图书馆目录检索系统来获得馆藏地点，实现借阅。各高校图书馆目录系统大体相似，可以通过简单检索或高级检索查找。以华东师范大学图书馆目录系统为例：

主要责任者	宋永昌主编
题名	长兴岛复合生态系统研究 / 宋永昌主编
出版发行	上海：华东师范大学出版社，1991.9
评级	☆☆☆☆☆
随书附盘	☒

记录链接

读秀电子书

Cadal相关资源（校外请通过VPN访问，建议使用IE11、Chrome、火狐浏览器）

1.植被生态学/宋永昌/华东师范大学出版社
2.城市生态学/宋永昌等主编/华东师范大学出版社
3.野生资源植物调查手册/编著：陈彦卓/编著：宋永昌/上海科学出版社·上海

（更多）

显示馆藏地及馆藏状态（是否可借）

馆藏地点	索书号	馆藏状态
闵行复本书库（请网上预约）	P942.51 S682	在架上
中山北路总库（请网上预约）	P942.51 S682	在架上
中山北路总库（请网上预约）	P942.51 S682	在架上

图 4-3　华东师范大学图书馆书目检索系统

当所需要纸质资源在所在高校图书馆没有馆藏时，可通过联合目录系统查找全国其他高校或公共图书馆的馆藏信息。常用的联合目录系统有全国期刊联系目录系统、CALIS 高校图书馆联合目录系统、国家科技图书文献中心目录系统。

（1）全国期刊联合目录（http://union.csdl.ac.cn/Reader/query.jsp）

全国期刊联合目录收录全国包括 400 余家主要的大型公共图书馆、中国科学院系统图书馆、中国社会科学院系统图书馆、各大部委的情报所、科研系统的图书馆、重点高校的图书馆和军队卫生系统的图书馆等馆藏目录。

（2）国家科技图书文献中心（http://www.nstl.gov.cn）

国家科技图书文献中心（NSTL）是根据国务院领导的批示于 2000 年 6 月 12 日组建的一个虚拟的科技文献信息服务机构，成员单位包括中国科学院文献情报中心、工程技术图书馆（中国科学技术信息研究所、机械工业信息研究院、冶金工业信息标准研究院、中国化工信息中心）、中国农业科学院图书馆、中国医学科学院图书馆。NSTL 拥有印本外文文献 25 000 多种，其中外文期刊 17 000 多

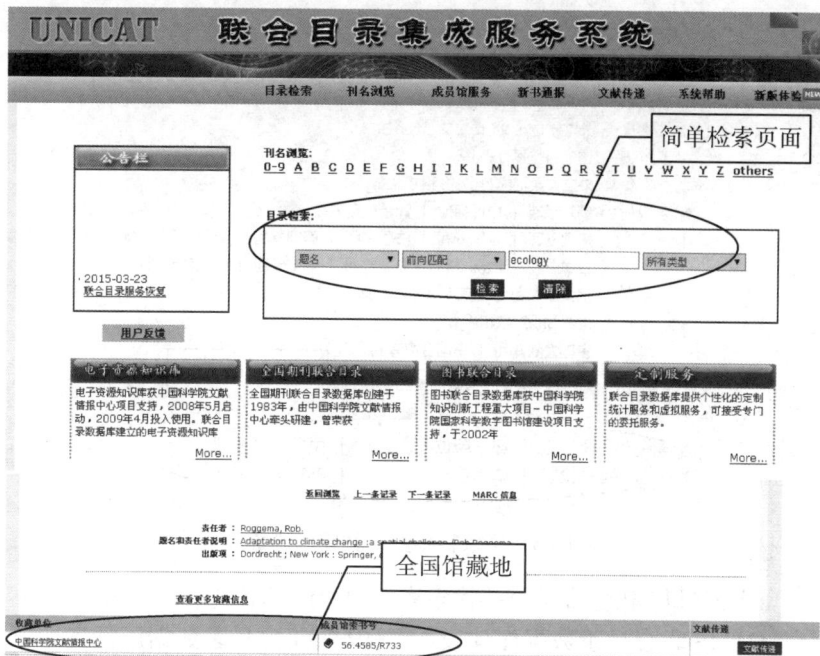

图4-4　全国期刊联合目录检索界面

种,外文会议录等8000多种。该系统除提供中外文期刊数据库外、还提供学位论文、会议论文、科技报告、专利文献、标准文献等数据库(图4-5)。各高校图书馆读者可以在该系统检索文献后,若所在图书馆无馆藏,可以通过各图书馆馆际互借处实施借书或传递文献。此外,该系统还对高校图书馆读者提供大量免费全文数据库如:美国植物学会期刊(Botanical Society of America Journal)、美国农业生物工程师学会电子期刊(ASABE Journals)等,点击全国免费开通文献、部分单位开通文献、免费外文期刊等入口均可免费检索和下载全文。

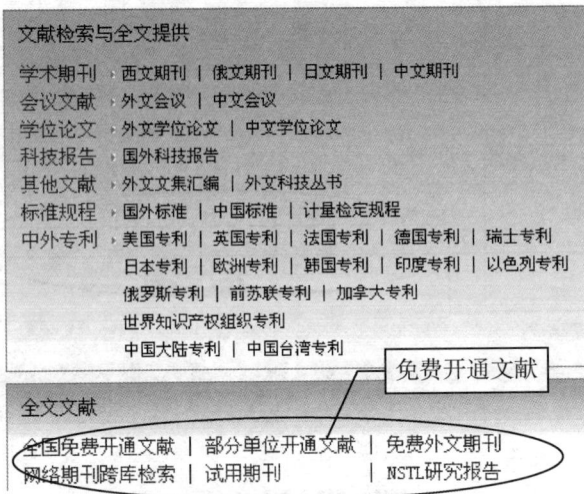

图4-5　国家科技图书文献中心资源

（3）CALIS 联合目录公共检索系统（http://opac.calis.edu.cn/）

CALIS 联合目录数据库建设始于 1997 年。目录数据库涵盖印刷型图书和连续出版物、电子期刊和古籍等多种文献类型；覆盖中文、西文和日文等语种；书目内容囊括教育部颁发的关于高校学科建设的全部 71 个二级学科，226 个三级学科（占全部 249 个三级学科的 90.8%）。目前，有成员馆 470 余家，已经形成相对稳定的数据建设队伍。

2. 生态学电子资源获取方法

电子资源主要依托数据库检索平台或系统，采用一定的检索方法或检索策略式实现资源获取。电子资源检索步骤主要有：分析课题内涵，提取关键词，查找同义词，编制检索式，调整检索式，最后再选择检索平台检索和获取原文（图4-6）。信息检索的基本流程可简单归结如下：分析课题并表达信息需求→选择检索工具→从检索工具中查找所需信息→获取原文。

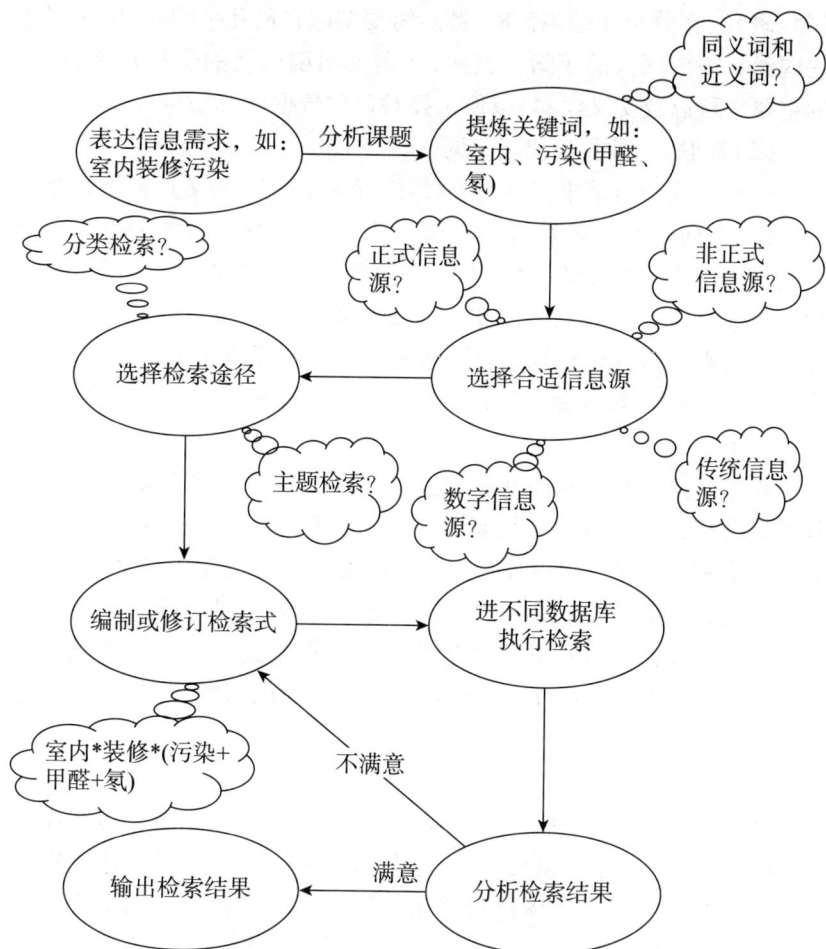

図4-6　信息检索基本流程示意图

（1）分析课题内涵

明确课题的主题内容和研究要点,深入分析课题隐含研究内容。如课题"城市水体富营养化",就需要进一步明确是哪个城市(上海)、水体是指河水、景观水体还是湖泊等、富营养化指标具体是指什么

（氮、磷）。在分析课题内涵时，读者需要多问自己几个问题，以对课题的内涵有一个深入的了解。其次，还需要明确课题的学科范围，涉及的主要学科以及交叉学科，以便选择对口的数据库或信息源。

（2）提取关键词，查找同义词

根据课题分析结果，从中提取即能涵盖信息需求又具有检索意义的关键词，同时通过各种途径查找同义词，进一步分析各关键词之间的逻辑关系等。如课题"城市水体富营养化"，分析课题后，提取关键词为：城市、水、富营养化；在进一步分析课题内涵后发现读者研究的是上海河水富营养化指标氮、磷，因此，扩展关键词为城市（市、上海）、水（河水）、富营养化（氮、磷、N、P）。

（3）编制检索式

检索式是信息检索中用来表达用户检索需求的逻辑表达式。根据课题分析，确定检索词后，要用布尔逻辑算符、截词符、通配符、位置算符等各种运算符对检索词进行组合，形成计算机能识别的检索式。不同数据库的运算符表达形式不同，因此针对同一课题要根据不同信息源的特点编制不同的逻辑表达检索式。检索式的编制水平直接决定检索结果的质量，对查全率和查准率有很大的影响，是计算机信息检索中的关键步骤。

1）编制中文检索式：

中文数据库中常用逻辑算符来组合检索式，基本上所有数据库都用"＊"表达逻辑与（and），"＋"表达逻辑或（or，），"－"表达逻辑非（not）。如课题"城市水体富营养化"，针对提取与扩展后的关键词的逻辑关系，编制中文检索式如下：（城市＋市＋上海）＊（水＋河水）＊（富营养化＋氮＋磷＋N＋P）。

2）编制英文检索式：

英文关键词往往需要根据中文关键词翻译出来，有的时候同一个中文关键词可能会有多个英文关键词与之对应，需要通过阅读外文文献将其查找出来。如针对课题"城市水体富营养化"提取和扩展后关键词：城市（市、上海）、水（河水）、富营养化（氮、磷、N、P），其对应的英文关键词分别为：city（urban，shanghai），water（river），eutrophication（N，P）。外文数据库直接用 and、or、not 来表达不同的逻辑关系。此外，外文数据库中还常用截词符如"＊"或"＄"来检索前方一致的词。根据英文关键词之间的逻辑关系，编制英文检索式如下：(cit＊ or urban＊ or shanghai)and(water or river)and(eutroph＊ or N or P)。

（4）选择信息源

信息源包括各高校图书馆购买的各类综合类和专业类的电子图书、电子期刊、学位论文等数据库，还有网络免费资源等。针对同一课题，应该分别选择各类不同的信息源进行检索，以保证资源的查全率。信息源的选择是否恰当直接关系到检索结果的质量。

对生态学科而言，信息源的选择应该先选综合类数据库如中国知网、万方数据资源系统、Wiley、ScienceDirect、SpringerLink 等。其次还需要根据课题所涉及专业选择专业类数据库，如若课题涉及化学学科，则需要选择化学类数据库如 ACS；若课题涉及地球科学方面，则需要选择 AGU 等数据库。

对信息源的选择需要有一定的策略，总体而言，应该遵循以下原则：先综合，后专业；先免费，后收费；先图书馆电子资源，后 OA 资源；先检索系统，后搜索引擎。

（5）确定检索字段

不同数据库检索系统的检索途径均有不同，大多数数据库都有题名、关键词、主题词、摘要等基本字段，但有的数据库却有所不同。如 WEB OF SCIENCE 数据库就只有主题和标题等字段，没有关键词和摘要字段；SPRINGLINK 数据库只有检索词输入框，而不能做复杂的逻辑组配。读者在实施检索过程中，首先要根据课题情况，确定检索字段。如果是为学位论文做文献调研，至少应该将检索字段设置为摘要字段，以免出现漏检。对于一些专有词汇，要根据文献中表述方法和相应的惯例，假如在专业文献中，只要涉及这方面的研究，都会在题名中出现，则可以缩小检索范围，选择题名字段检索。

对于生态学科而言，由于同一研究领域，涉及关键词可能较多，最好选择摘要字段或关键词字段。此外,对于理工科而言,英文文献是主要的参考文献。读者需要通过阅读大量的相关文献,增强相关知识,以增加关键词的同义词,而不出现漏检。如:在生态学研究中,利用树叶磁性特性研究大气环境状况已有较多应用,提取其中的关键词,有树叶(叶)、磁性(磁学)、大气(空气),而这种方法在国外也被称为磁学生物监测,因此还应该加入生物监测一词,国外文献中对于生物监测一词有较多表述,如 biomonitor、bioindicator、biomagnetic 等,只有阅读大量文献后,读者才能对该领域所有英文文献的相关表述有全面理解,从而加入到检索式中。

(6)调整检索式

根据编制好的检索进入各类数据库中检索后,往往会出现检索结果过多或过少,检索结果相关性不强的情况,此时,需要对检索式做调整来获得最佳检索结果。

当检索结果过多时,可以采取以下方法来加以调整:

- 重新分析课题,增加或减少关键词。如课题"城市水体富营养化"的中文检索式(城市 + 市 + 上海) * (水 + 河水) * (富营养化 + 氮 + 磷 + N + P)在中国知网中检索后,结果有 7000 多条,而且相关性不好,大量文献与读者研究无关。读者重新对课题做了分析后发现,读者所要开展的是利用植物对河水富营养化进行净化,因此,读者对检索式做了优化,增加了检索词植物,招待检索后,结果缩小为 845 条,而相关性明显增强。
- 修改检索字段。若在分析课题后,关键词没有更多的增加或减少,可以考虑通过修改检索字段还减少检索结果数量。如假如之前设置的是"摘要"字段,可以修改为"题名"或"关键词"字段。

当检索结果过少时,调整的方法与检索结果过多时采用的方法正好相反,即可以通过减少或增加关键词或修改检索字段如将题名或关键词字段改为摘要字段来调整。

（7）获取原文

通过不同数据库获取检索结果后,读者往往在对文献题名、摘要等信息阅读后再决定是否需要获取全文。各高校图书馆购买的全文数据库,可提供本校师生在 IP 地址允许范围内免费下载全文。但是仍有大量的文献无法获取全文,因此,需要采用其他途径来获取。

获取全文的途径主要有:

- 已购数据库:各高校图书馆已购数据库年限范围内,可免费下载全文。

- 网络免费资源:各类 OA 资源提供资源免费下载,读者可以通过进入各 OA 数据库检索并下载。

- 学术搜索引擎:随着学术搜索引擎的不断发展,各类免费资源已整合到该平台实现一站式检索。各高校图书馆还与学术搜索引擎合作,将本校已购资源也整合在该平台,读者可以通过学术搜索引擎直接下载全文。此外,各类学术搜索引擎还支持检索式,读者只要将检索直接输入搜索引擎中,就可以实现检索,获得检索结果。以百度学术为例(图 4 - 7):在检索框内直接输入中文检索式,检索结果将以相关性自动排序,相关性最强的文献排在首位。每条文献下方,均标注有全部来源,如知网/万方/维普/道客巴巴等。指示读者可以通过这些来源获取全文。如果数据库是读者所在高校已购资源,更可以直接点击并下载,实现学术搜索引擎与图书馆资源的无缝链接。

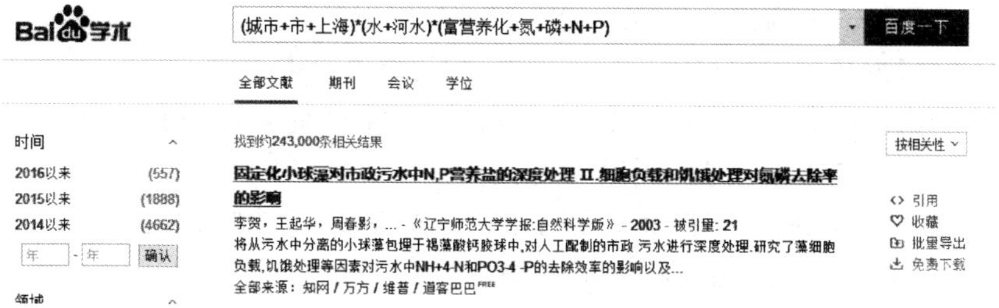

图 4 - 7　百度学术

- 馆际互借与文献传递：对于以上三种途径仍无法获取全文的资源，各高校图书馆还提供馆际互借与文献传递服务。馆际互借与文献传递服务是图书馆间应学术研究需求所提供的文献资源共享服务，为图书馆用户从外馆代借代还图书和传递期刊或学位论文。

3.生态学课题检索案例集

对所研究课题做全面分析是获得最佳检索结果的基础，课题分析不能一蹴而就，往往需要多角度、多层次来分析。如果将一个课题假想为一个建筑物，要全面认清建筑物的特征，需要从正面、侧面和俯视几个角度来考量。而不同角度的检索式则像建筑物的平面图、立面图和侧面图。通过分析课题来编制检索式需要长期大量的练习才能运用自如，为帮助读者加强课题分析能力，本书汇总大量生态学课题的检索案例。

（1）城市水灾预警系统

该课题研究当城市中出现暴雨时，区域内因水位过高可能产生水灾时，相关机构需要提前告知公众，以提供预警信息，为此，需要建立水灾预警系统。从字面上理解，该课题的关键词有：城市、水灾、预警、系统，为了保证检索结果的查全率，需要对各关键词的同义词进行拓展，如城市的同义词有市、城镇、镇等，各关键词及其同义词如下：

城市（市、城镇、镇）、水灾（洪灾、洪涝）、预警（预报、预告、警告、警报）、系统 Urban（city or town），flood（floods），alert（warn or forecast or alarm），system

根据各关键词与同义词的逻辑关系，编辑检索式如下：

（城市＋市＋城镇＋镇）*（水灾＋洪灾＋洪涝）*（预警＋预报＋预告＋警告＋警报）

（urban * or cit * or town）and flood * and（alert * or warn * or forecast * or alarm *）

调整检索式：

在上面的中英文检索式中，均没有将关键词"系统"加入，当检索结果过多时,可以考虑将"系统"这个词加入检索式中。

(2)SWOT分析法在饮用水水源地保护规划中的应用

关键词:

SWOT、水源(水库)、保护(规划、管理)

SWOT, water resource (watershed), protect (manage or plan)

检索式:

SWOT * (水源 + 水库 + 流域) * (保护 + 规划 + 管理)

SWOT and (water resource * or watershed) and (protect * or manag * or plan *)

(3)土壤重金属污染的植物修复研究

关键词:

土壤(土)、重金属(微量元素、痕量元素、Pb,Cr,Cd)、植物(植被)、修复

Soil, heavy metal (trace metal or Pb or Cr or Cd), plant (vegetation), Phytoremediation (control、hyperaccumulator or phytoextraction or plant amendment)

检索式:

(土壤 + 土) * (重金属 + 微量元素 + 痕量元素 + Pb + Cr + Cd) * (植物 + 植被) * 修复

soil * and (heavy metal * or trace metal * or Pb or Cr or Cd) and (plant * or vegetat *) and (phytoremediat * or control * or hyperaccumulat * or phytoextract * or amend *)

(4)上海市水环境生态安全与评价研究

关键词:

上海、水环境(水体、水)、生态、安全、评价(评估)

Shanghai, water, environment, ecological, safety, assessment (evaluation)

检索式:

上海市＊（水环境＋水体＋水）＊生态＊（安全＋评价＋评估）

Shanghai and water and environment ＊ and ecology ＊ and（safe ＊ or assess ＊ or evaluat ＊ ）

Shanghai and water and ecology ＊ and（safe ＊ or assess ＊ or evaluat ＊ ）

（5）生物质炭对土壤与大气环境影响研究

关键词：

生物质炭（生物质碳、生物炭、生物碳）、土壤（土）、大气（空气）

Biochar（biomass carb，biomass charcoal，biomass charcoal，bio-char，bio-charcoal），soil，air（atmosphere）

检索式：

（生物质碳＋生物质炭＋生物碳＋生物炭）＊（土壤＋土＋大气＋空气）

（Biochar ＊ or biomass carb or biomass charcoal or biomass charcoal or bio-char or bio-charcoal）and（soil ＊ or air ＊ or atmosph ＊ ）

（6）上海市城市河岸带土壤反硝化作用研究

关键词：

上海、城市（市、镇、城镇）、河岸带、土壤（土）、反硝化（脱氮）

Shanghai，urban（city or town），riparian，soil，denitrification（nitrogen removal）

检索式：

（城市＋市＋城镇＋镇＋上海）＊河岸带＊（土壤＋土）＊（反硝化＋脱氮）

（urban ＊ or cit ＊ or town or shanghai）and soil ＊ and（denitrif ＊ or nitr ＊ remov ＊ ）

（7）上海市机动车尾气污染研究

关键词：

上海、城市（市、镇、城镇）、机动车（汽车、车、交通）、尾气（废气、排放）、污染

Shanghai, urban（city or town）, vehicle（car OR automobile or auto）, exhaust（emission OR tail gas）, pollution

检索式：

（城市＋市＋城镇＋镇＋上海）＊（机动车＋汽车＋车＋交通）＊（尾气＋废气＋排放＋污染）

（urban ＊ or cit ＊ or town or shanghai）and（vehicle ＊ or car ＊ or automobile or auto）and（exhaust ＊ or emiss ＊ or tail gas or pollut ＊）

（8）水生植被重建过程中根际氧化作用对土壤重金属迁移转化的调控机理

关键词：

水生植被（水生植物）、根际（根系，根表）、土壤（沉积物）、重金属（痕量元素、微量元素）

Aquatic vegetation（aquatic plant, hydrophyte）, rhizosphere（root, root system, root surface）, soil（sediment）, heavy metal（trace metal）

检索式：

水生 ＊（植被＋植物）＊（根际＋根系＋根表）＊（重金属＋微量元素＋痕量元素）

Aquatic ＊ and（veget ＊ or plant ＊）and（rhizosphere or root ＊）and（heavy metal or trace metal）

参考文献

[1] 陈维维,李艺.信息素养的内涵、层次及培养[J].电化教育研究,2002(11)：7—9.

第五章　生态学资源管理

　　随着数字文献逐步代替传统的纸质文献成为读者参考的主流，如何管理海量的数字文献成为读者面临的重要问题。而在撰写论文尤其是学位论文时，按要求调整论文引用的大量参考文献的固定格式也耗费了研究人员大量的时间。为了解决读者参考文献管理难题，减少撰写论文中调整参考文献格式的重复工作，大量参考文献管理软件产生并得以迅速传播。参考文献管理软件又叫书目管理软件，是一种具有文献检索与整理、引文标注、按格式要求生成参考文献列表等强大功能的软件。早期只是为研究者管理个人文献资料，而且都是以软件的形式安装在个人计算机上使用，如被大家熟悉的 EndNote、Reference Manager、Note Express 等[1]。

第一节　参考文献管理软件的功能

1. 建立并维护个人文献库

　　读者利用中英文检索式进入各类数据库检索后，获得大量检索结果。可以勾选相关文献批量导入文献管理软件中，也通过手工输入，或从文献管理软件直接在线检索来获得检索结果导入文献管理软件，形成个人文献库。文献库形成后，用户可以用关键词、作者、标题等字段对个人文献库进行检索；也可以对文献库内文献按作者、标题、来源排序；还可以增加或删减记录。

　　个人文献库还可以按类别分为大类、子类，如若读者需要研究上海环境污染状况，可以以先建设上海环境污染状况的大类，然后再建立水污染、大气污染、土壤污染等子类，形成树状结构图，如图 5-1 所示。

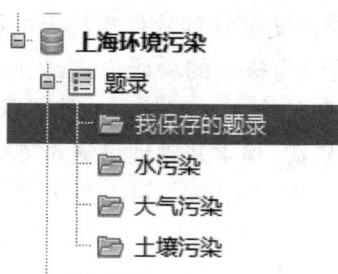

图 5 – 1　Note Express 个人数据库树状结构图

2. 个人知识管理

文献管理软件可以使读者上传每篇参考文献的全文,用户在阅读文献后如对文献内容有所感触还可以做笔记,这样就使得书目信息与全文得以对应,并可以随时查看读者在阅读文献时的心得。因此,文献管理软件管理的文献库是一个强大的个人知识管理系统,整理用户的显性知识,自我评估知识结构,还可以加强个人隐性知识的管理与开发。

3. 文献利用

阅读文献的最终目的是用于撰写论文,文献管理软件可以帮助用户在撰写论文过程中随时插入参考文献,并依插入顺序自动生成序号;在论文完成后需要投稿时,还可以自动生成各学术期刊规定的参考文献格式。若论文被拒需要重新投稿时,更可以生成另一个期刊要求的格式。文献管理软件使得读者在撰写论文和投稿中得以大大节省工作量。

第二节　NOTE EXPRESS 文献管理软件使用方法

Note Express 是单机版的参考管理软件,由北京爱琴海软件公司开发,目前已经成为中国文献管理软件市场上的第一品牌。Note Express 提供以文献的题录为核心的科研模式,先阅读题录、文摘后,再有针对性地下载有价值的全文。其核心功能是帮助读者在整个科研流程中高效利用电子资源:检索并管理得到的文献摘要、全文;在撰写学术论文、学位论文、专著或报告时,可在正文中的指定位置方便地添加文中注释,然后按照不同的期刊、学位论文格式要求自动生成参考文献索引。Note Express 的核心功能如下:

(1)检索:支持数以百计的全球图书馆书库和电子数据库,如万方、维普、期刊网、ScienceDirect、ACS 等。一次检索,永久保存。

(2)管理:可以分门别类管理百万级的电子文献题录和全文,独创的虚拟文件夹功能更适合多学科交叉的现代科研。

(3)分析:对检索结果进行多种统计分析,从而使研究者更快速地了解某领域里的重要专家、研究机构、研究热点等。

(4)发现:与文献相互关联的笔记功能,能随时记录阅读文献时的思考,方便以后查看和引用。检索结果可以长期保存,并自动推送符合特定条件的相关文献,对于长期跟踪某一专业的研究动态提供了极大方便。

(5)写作:支持 Word 和 Latex,在论文写作时可以随时引用保存的文献题录,并自动生成符合要求的参考文献索引。软件内置 3000 种国内外期刊和学位论文的格式定义。首创的多国语言模板功能,可以自动根据所引用参考文献语言不同差异化输出。

由于 Note Express 数据库在国内各高校使用量较大,以下将详细介绍该软件的使用方法。为方便理解,本书以华东师范大学购买的 Note Express 为例介绍。

1. 下载与安装

Note Express 往往提供一定时间内的免费试用,但过了试用期后将不能正常使用。在已购买该数据库的高校,应该下载标注该高校名称的版本,以免出现不必要的问题。

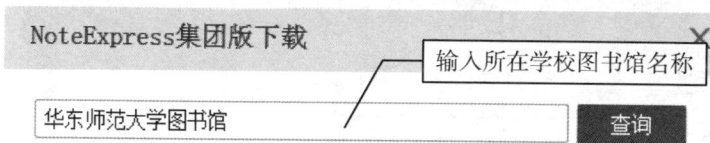

1 华东师范大学图书馆版

图 5 - 2　下载并安装所在高校图书馆版本

2. 新建个人文献库

NE 软件安装后默认的示例数据库为"sample. ned",保存在 Note Express 安装目录下。读者新建个人文献库的步骤,如图 5 - 3 所示,建立一个"上海环境污染"的文献库。

图 5 - 3　新建数据库方法

3. 建设个人文献库结构

数据库建好后,将在 Note Express 左面列中出现所建数据库名称"上海环境污染"。综前所述,由于所研究课题往往包括多个角度,有必要对数据库做分类,以便于将来可以分别查看文献文摘和全文。以"上海环境污染"为例,环境污染涉及水体污染、大气污染、土壤污染,因此,可以建立树状结构。右击上海环境污染下方的题录。

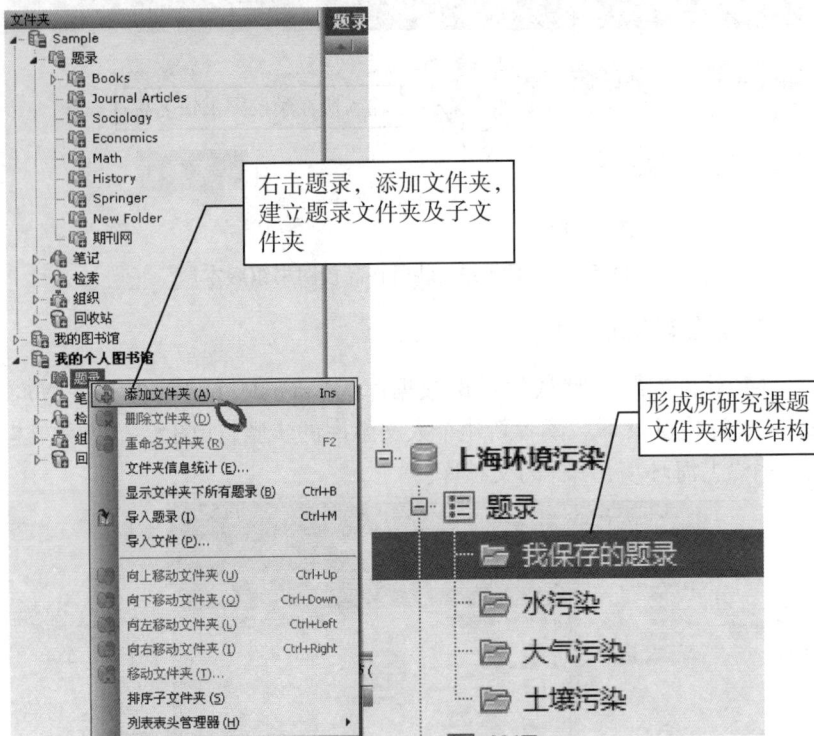

图 5 - 4　建立个人文献库

4. 导入题录

往文件夹中导入题录有四种方式:由数据库检索结果导入、通过

Note Express 在线检索数据库、手工输入、电脑中已下载的 PDF 文件或文件夹的导入。

（1）由数据库检索结果导入

1）如何向 Note Express 导入来自中国知网的数据？

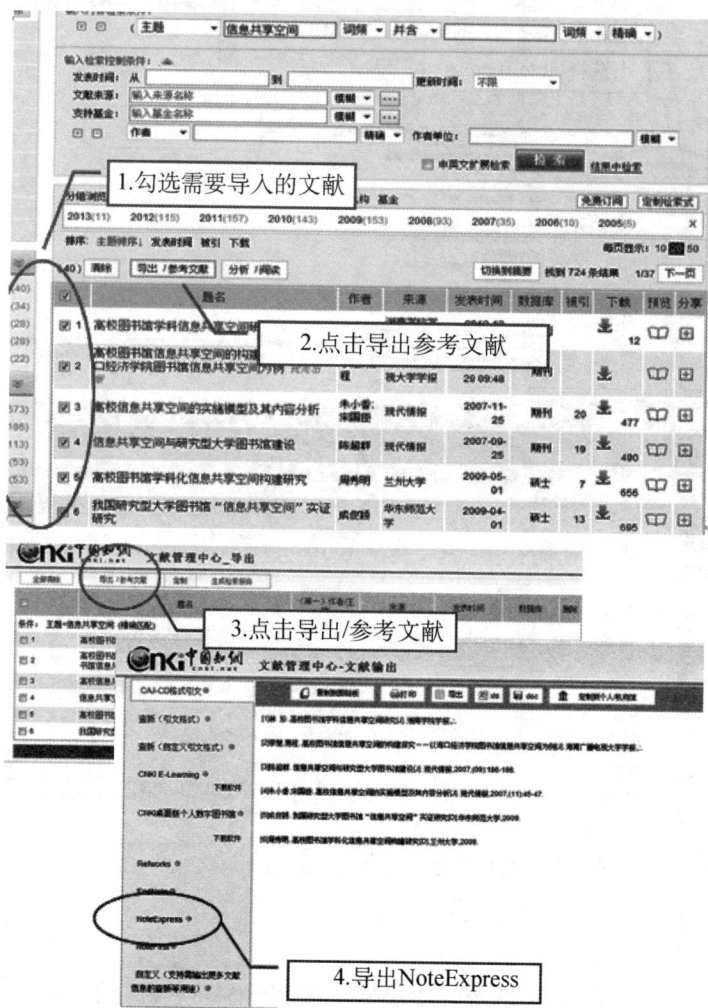

图 5 - 5　如何向 Note Express 导入中国知网数据

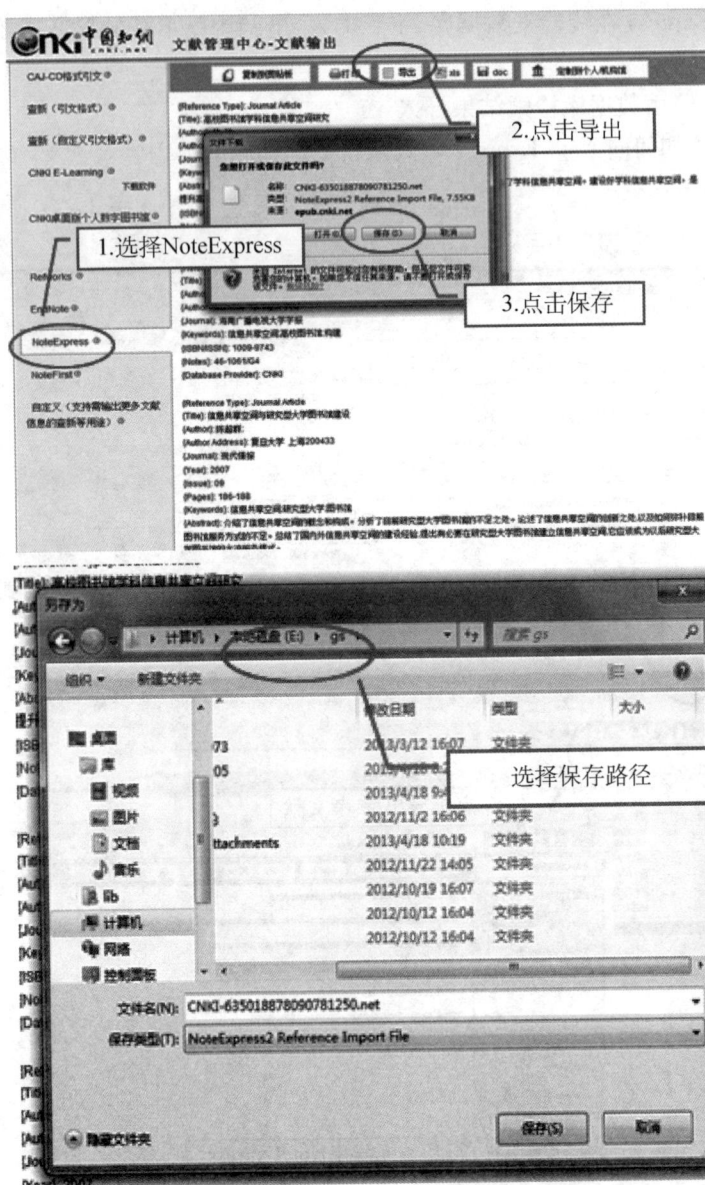

图 5-5 如何向 Note Express 导入中国知网数据（续）

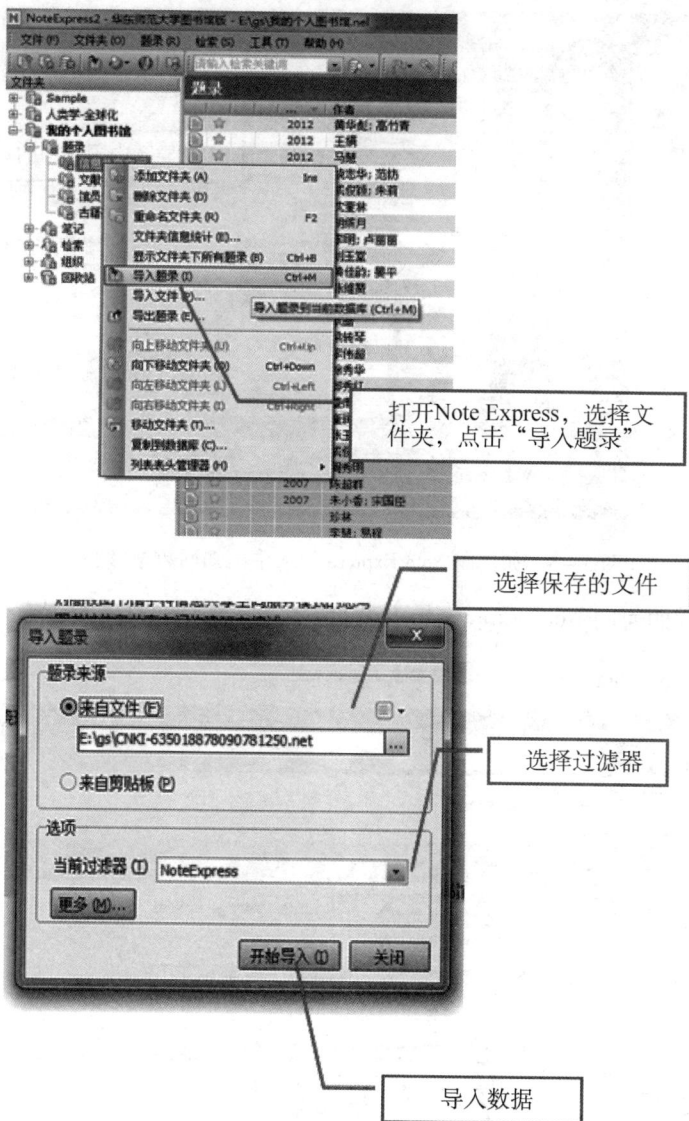

打开 Note Express,选择文件夹,点击"导入题录"

选择保存的文件

选择过滤器

导入数据

图 5-5 如何向 Note Express 导入中国知网数据(续)

图 5-5　如何向 Note Express 导入中国知网数据(续)

2) 如何向 Note Express 导入来自 Science Direct 的数据

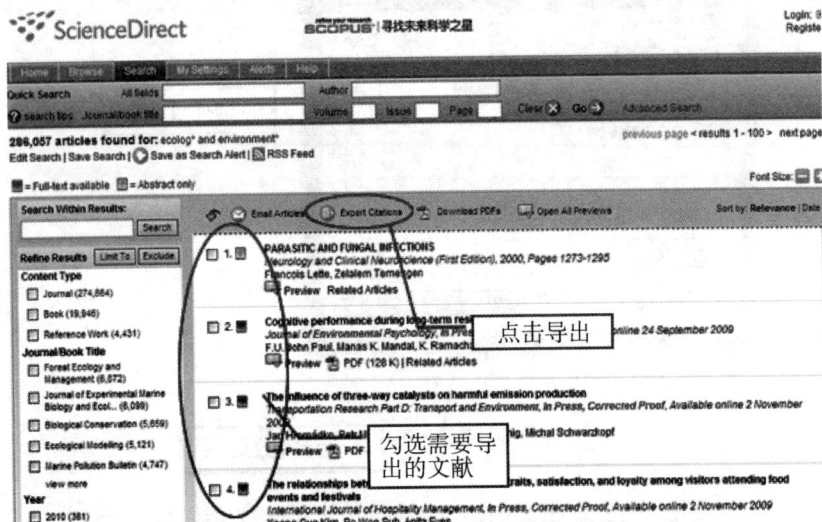

图 5-6　如何向 Note Express 导入 ScienceDirect 数据

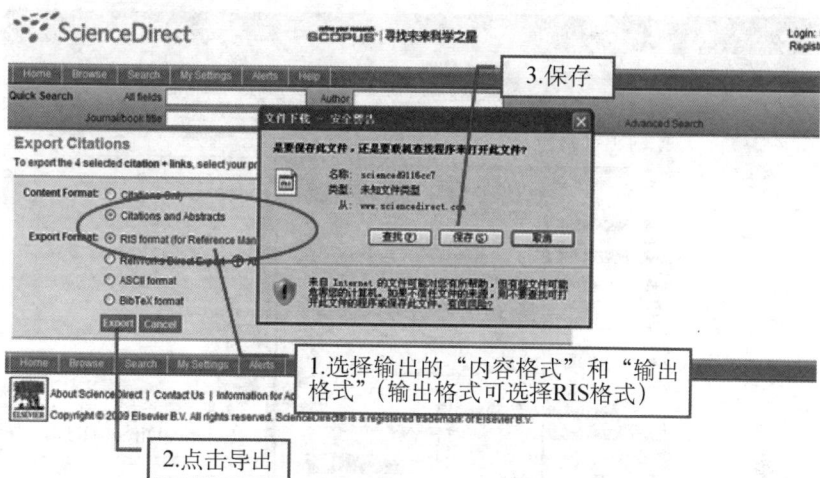

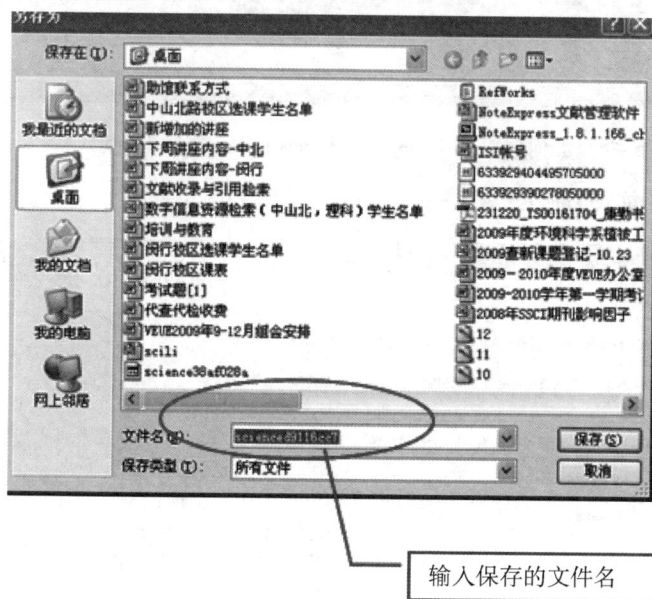

图 5-6 如何向 Note Express 导入 ScienceDirect 数据(续)

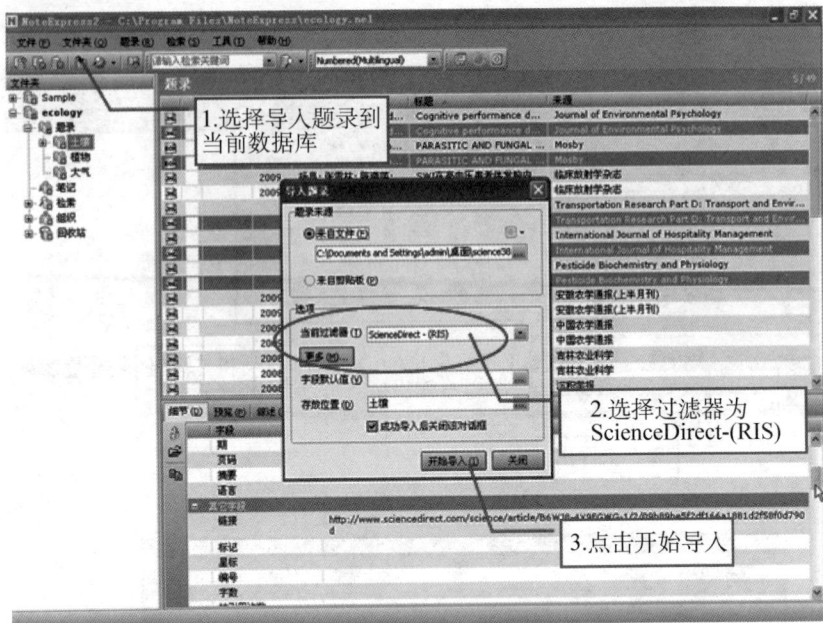

图 5 - 6　如何向 Note Express 导入 ScienceDirect 数据（续）

3）如何向 NOTE EXPRESS 导入百度学术的数据

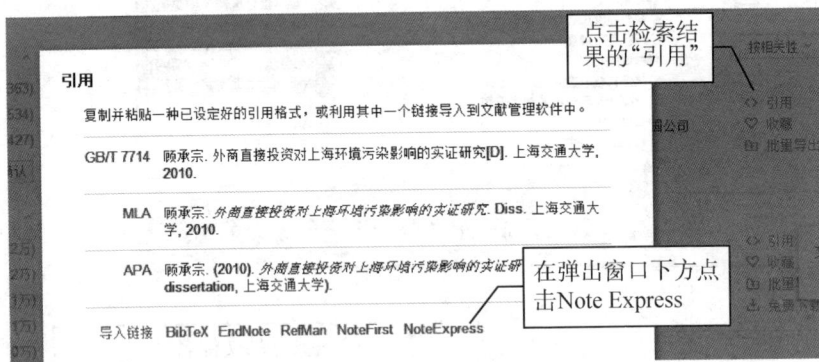

图 5 - 7　如何向 Note Express 导入百度学术数据

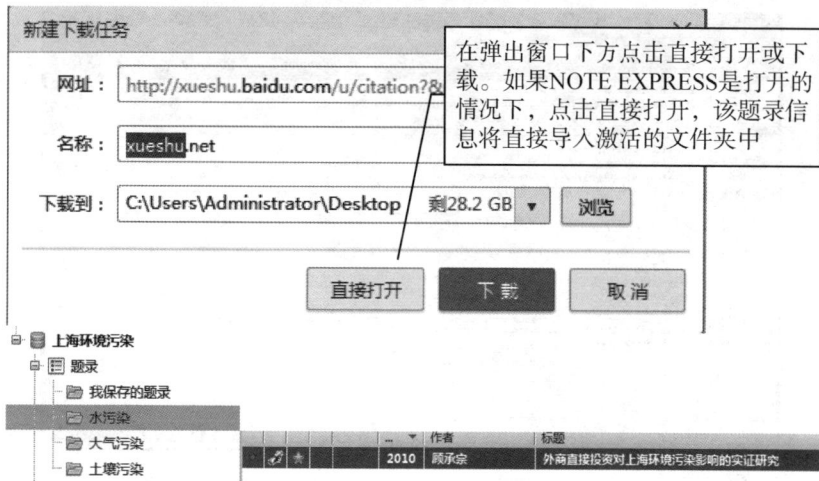

图 5 – 7　如何向 Note Express 导入百度学术数据(续)

(2)通过 Note Express 在线检索数据库

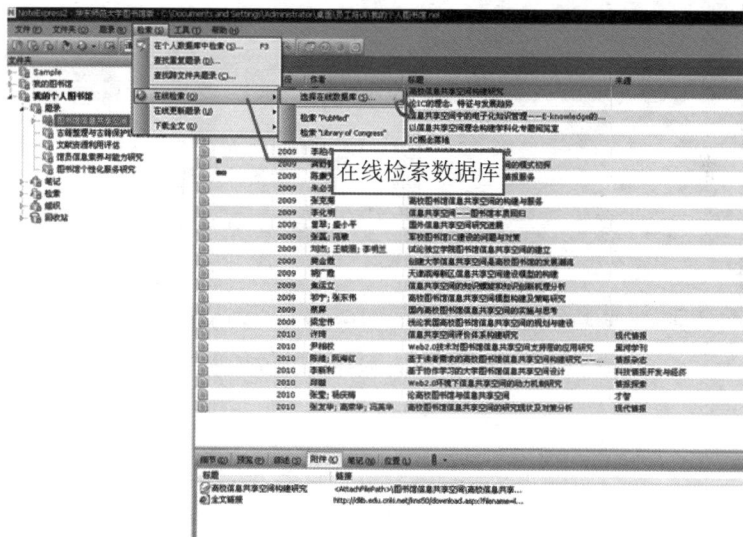

图 5 – 8　利用 Note Express 在线检索数据库

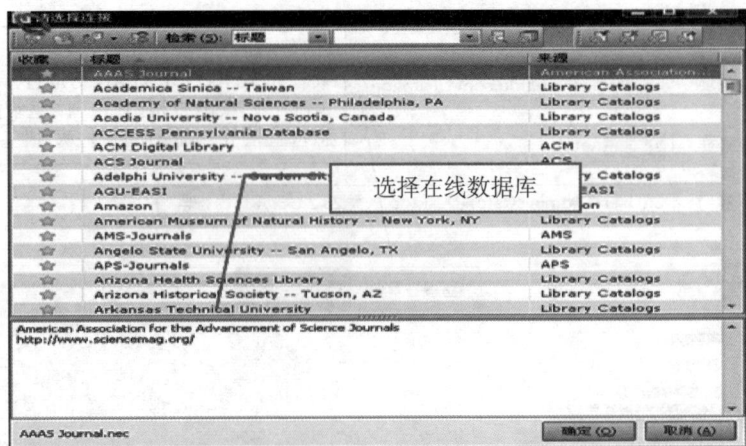

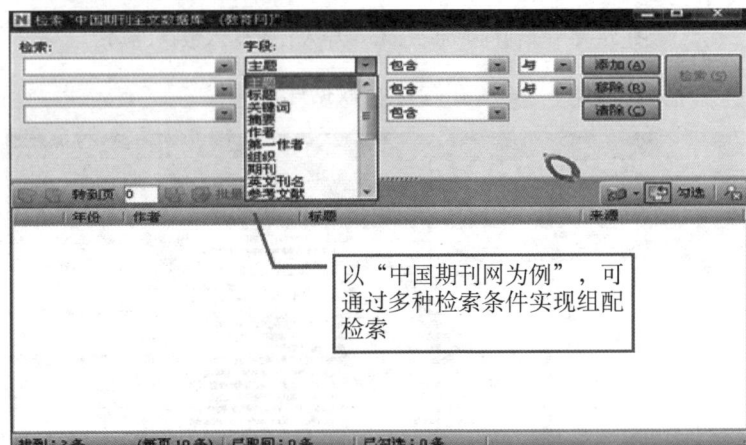

图 5 - 8　利用 Note Express 在线检索数据库(续)

（3）手工输入

对于无格式的数据，可采用"新建题录"的方式输入数据

可逐项手动输入

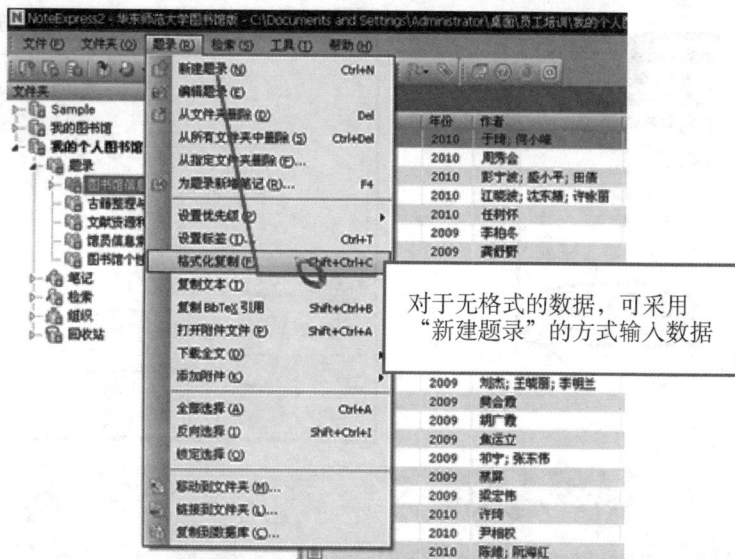

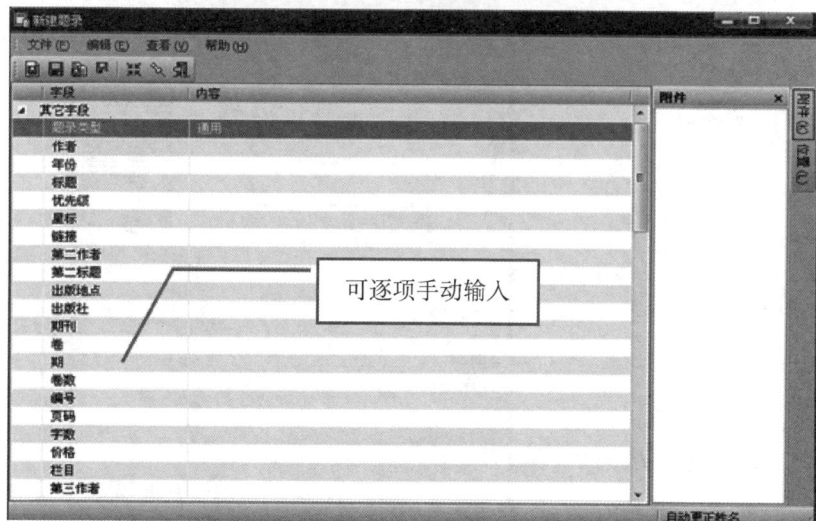

图 5-9 在 Note Express 中手动输入数据

(4)电脑中已下载的 PDF 文件或文件夹的导入

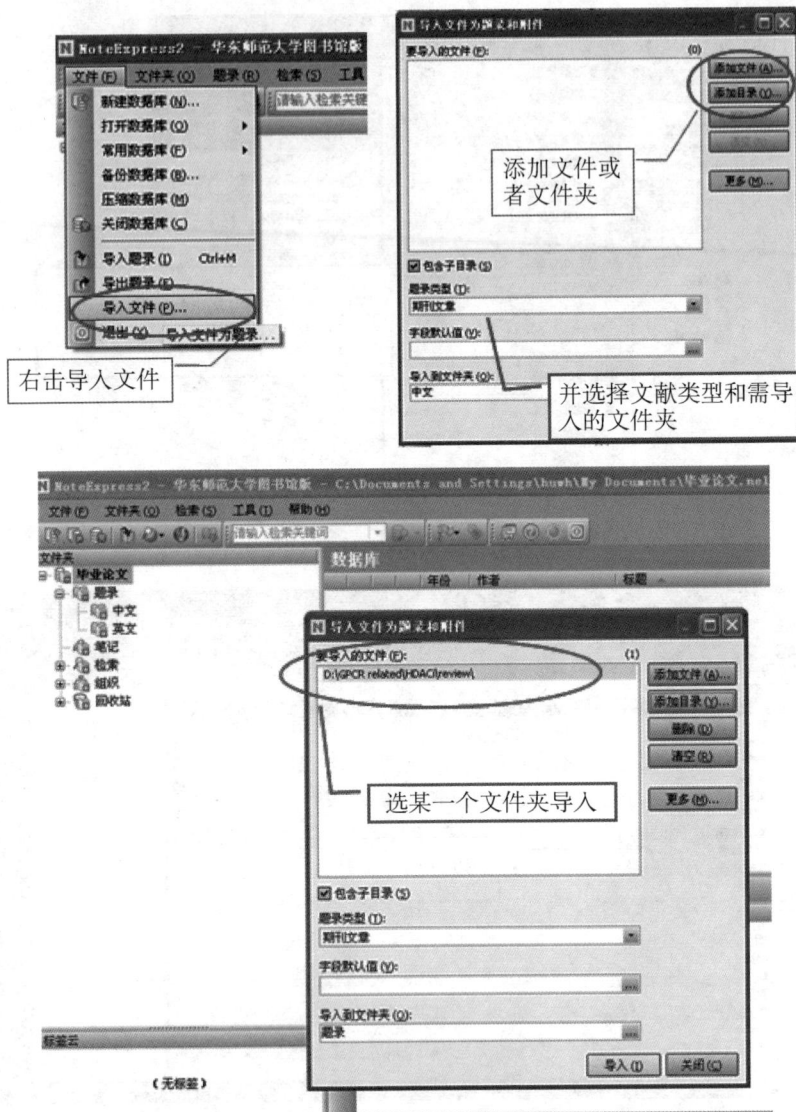

图 5 - 10　如何向 Note Express 导入已下载好全文

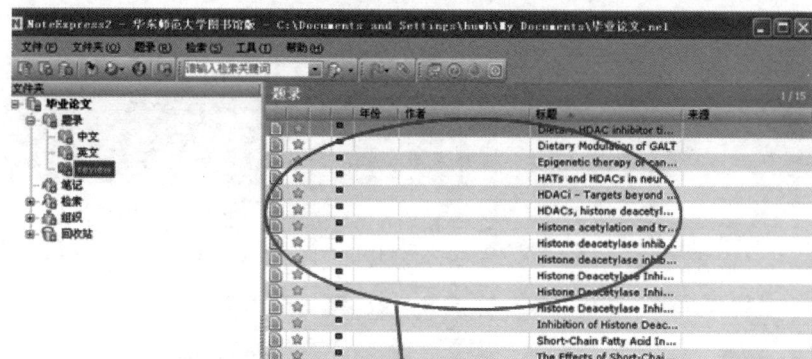

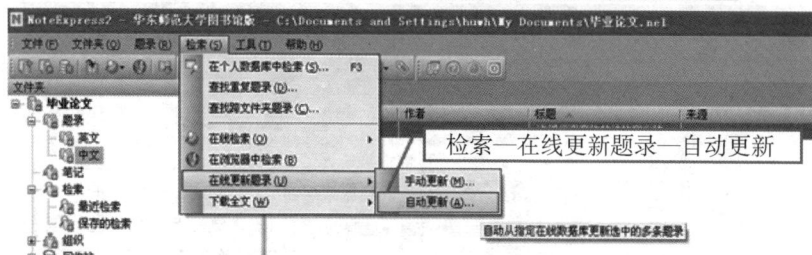

更新前：

更新后：

图 5 – 10 如何向 Note Express 导入已下载好全文（续）

5. 去重

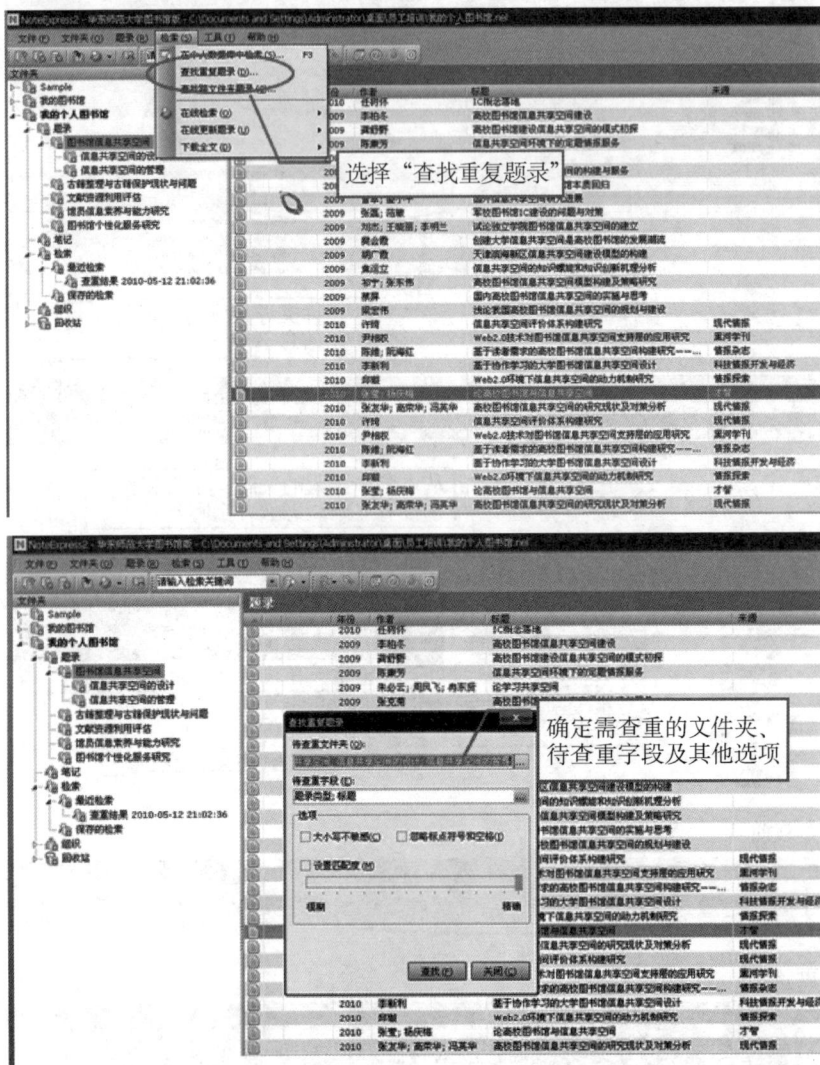

图 5-11　如何去除 Note Express 重复数据

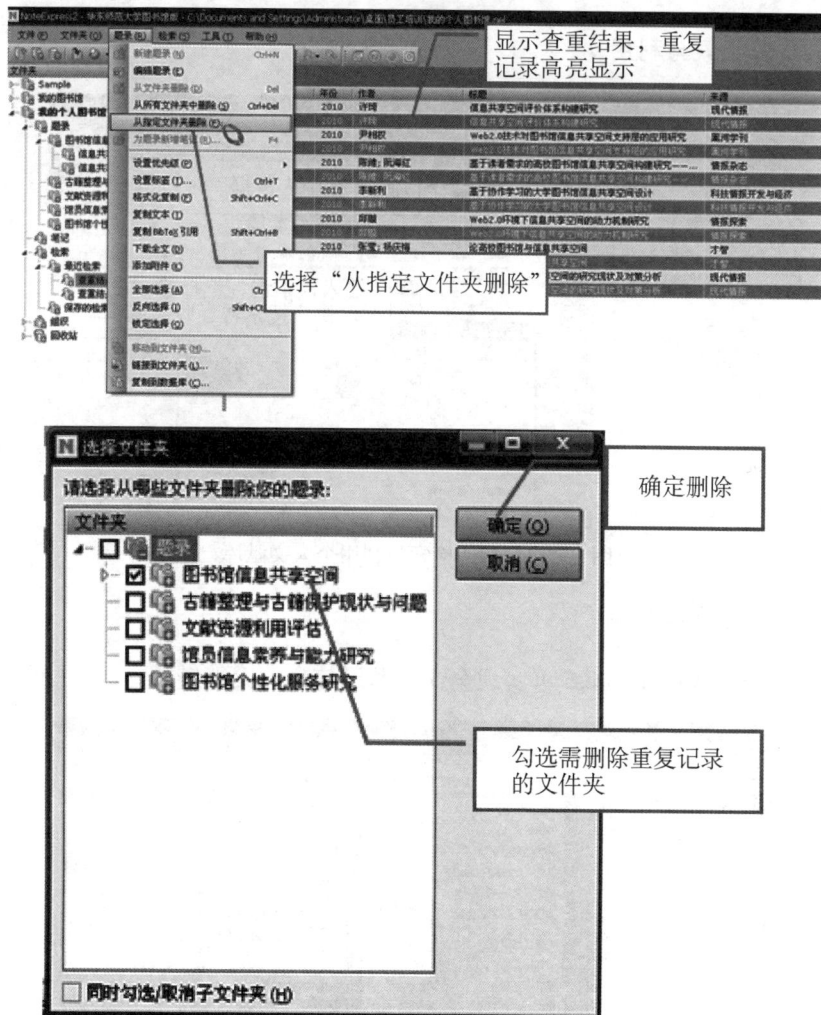

图 5 – 11　如何去除 Note Express 重复数据（续）

6. 检索与利用

图 5 – 12　如何检索与利用个人文献库

7. 全文与文摘

利用 Note Express 可实现全文和题录信息的无缝链接。

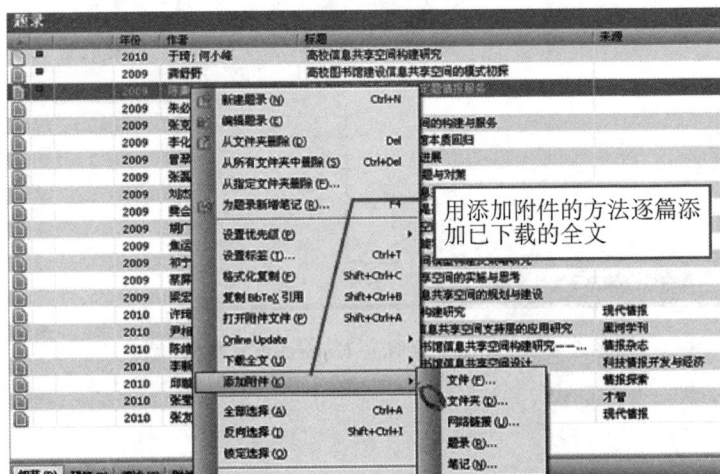

图 5 – 13　如何向 Note Express 数据链接全文

8. 添加笔记

阅读文献时产生的思想火花、心得体会往往稍纵即逝,利用添加笔记功能及时将其记录下载,可方便日后查阅、回忆、整理……

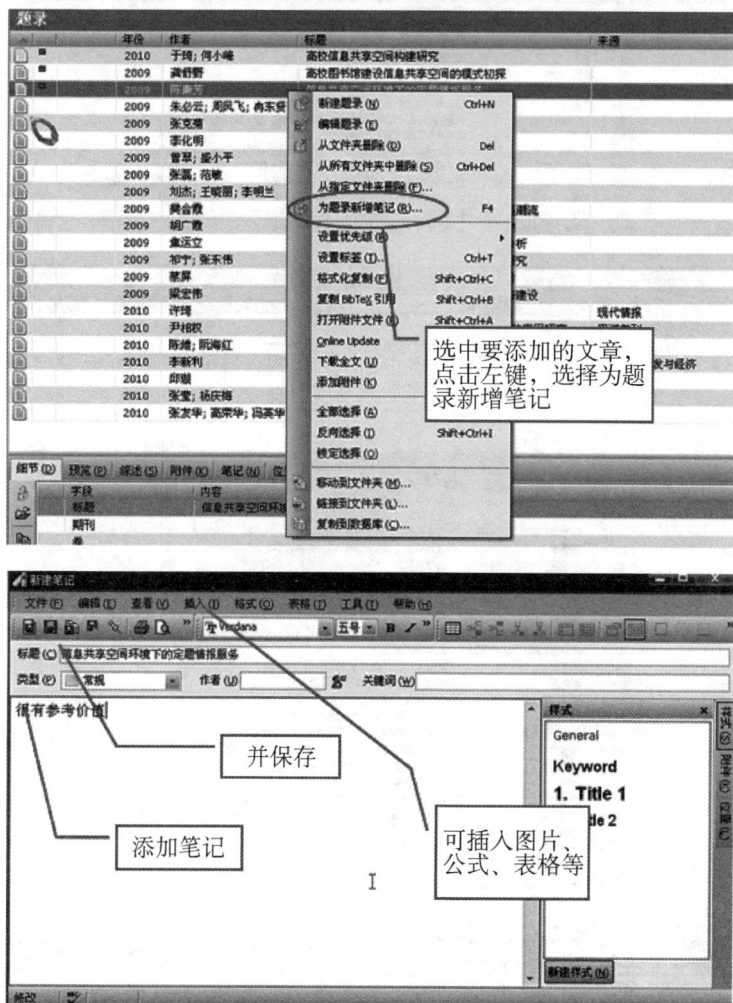

图 5－14　如何添加笔记

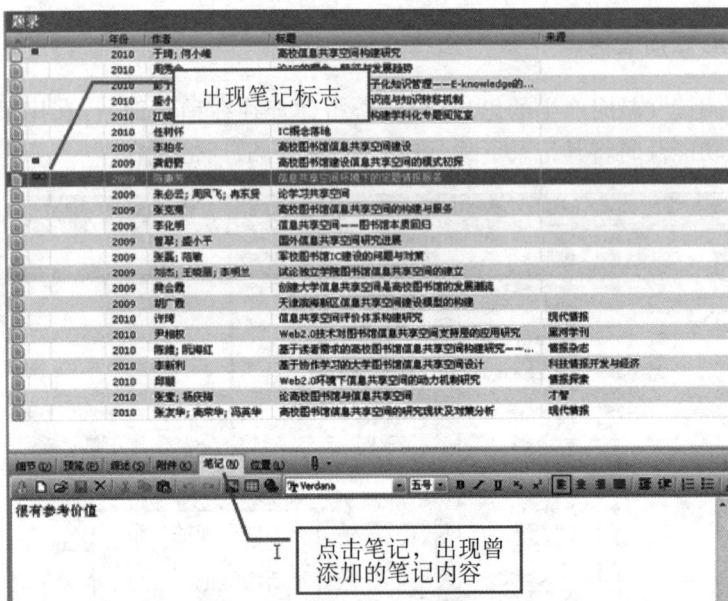

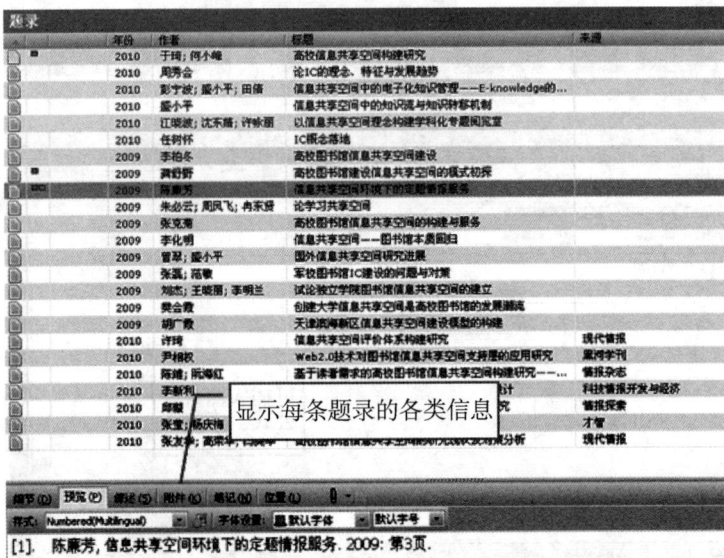

图 5-14 如何添加笔记(续)

9. 排序与着重

Note Express 可以按作者,标题和文献来源排序,可以专门只查看某一作者或某一来源的文献。还可以根据文献的重要性程度,用星级来表示。

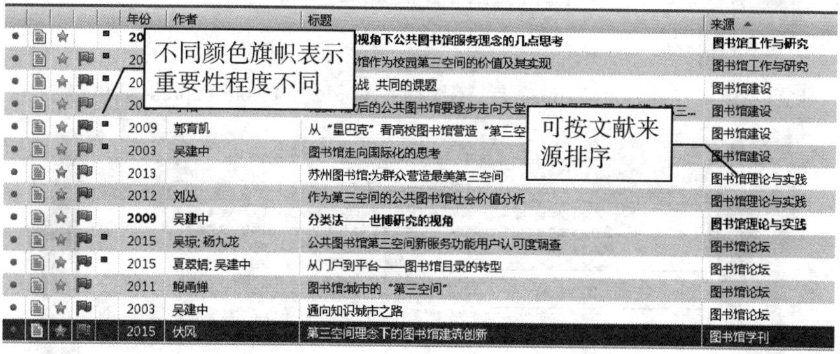

图 5-15　如何对文献排序和添加星级

10. 在写作中应用

一旦安装好 Note Express,每次打开 Word 文档时,都会出现 Note Express 的插件。

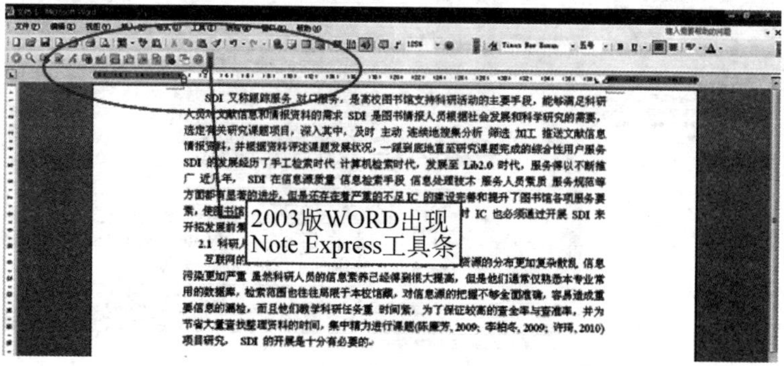

图 5-16　安装 Note Express 后,不同版本 word 中的 Note Express 插件

图 5 – 16　安装 Note Express 后，不同版本 word 中的 Note Express 插件（续）

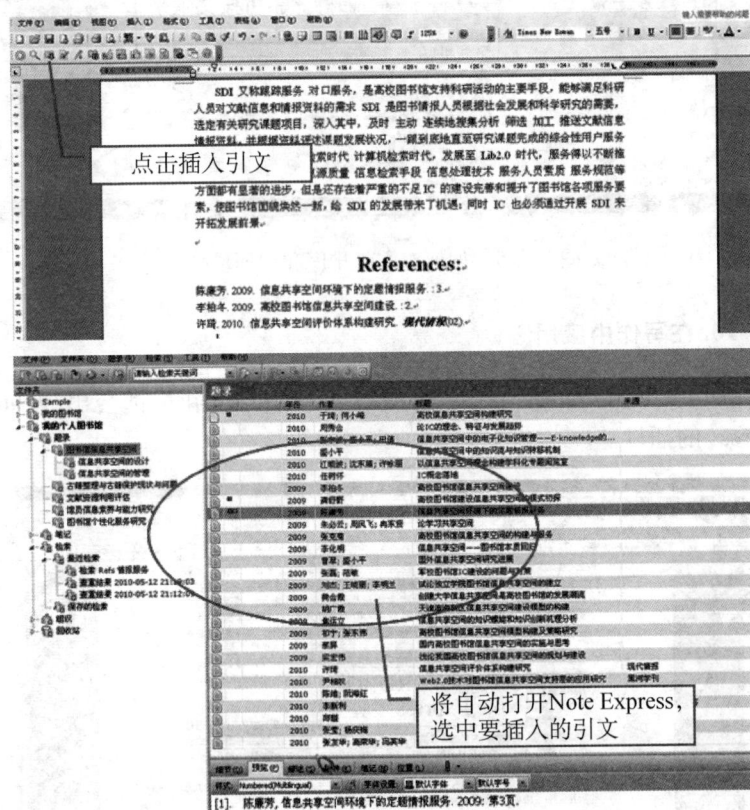

图 5 – 17　如何在文档中利用 Note Express 插入参考文献

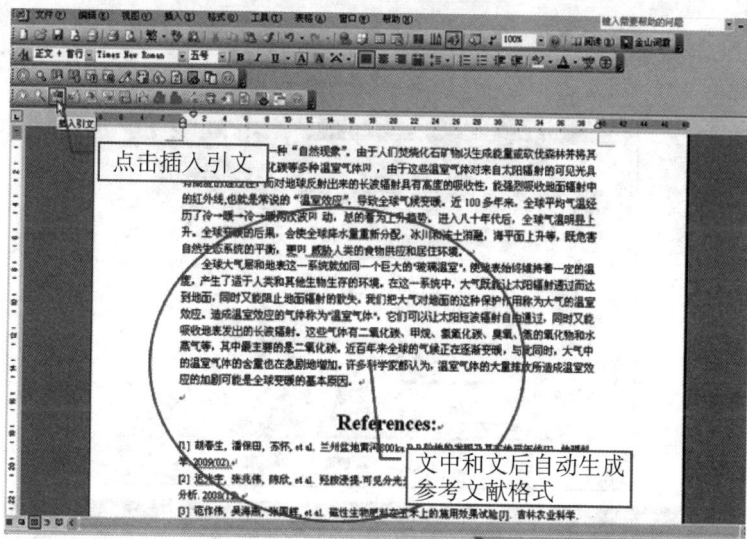

图 5 - 17　如何在文档中利用 Note Express 插入参考文献（续）

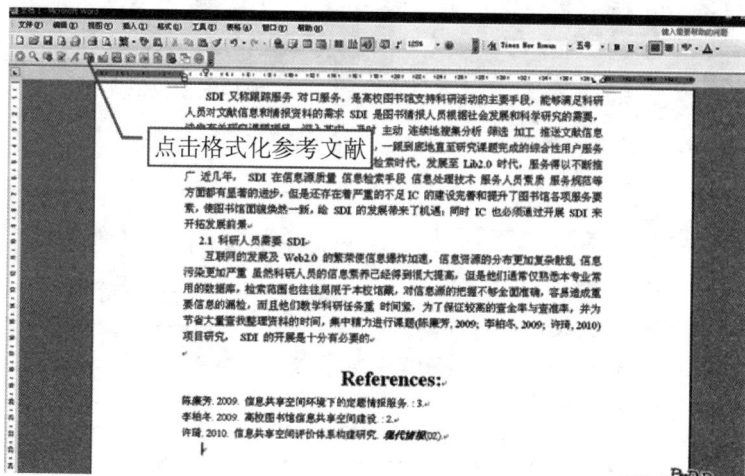

图 5 - 18　如何生成拟投稿期刊参考文献格式

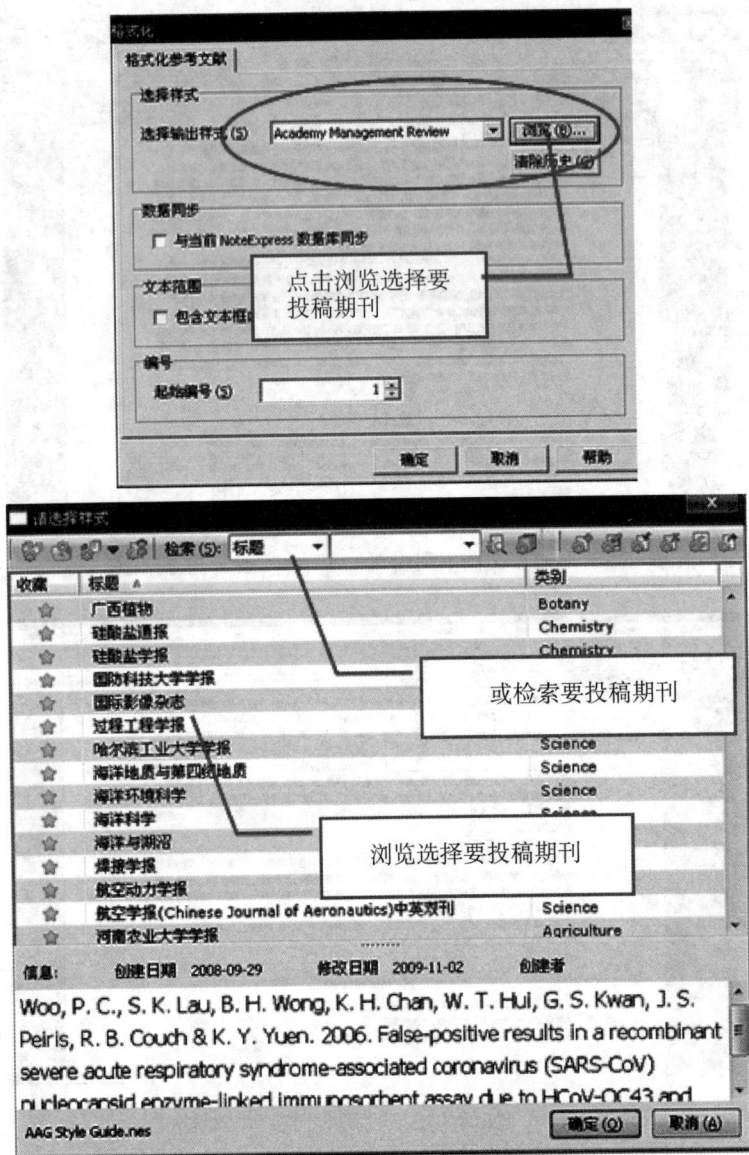

图 5-18 如何生成拟投稿期刊参考文献格式（续）

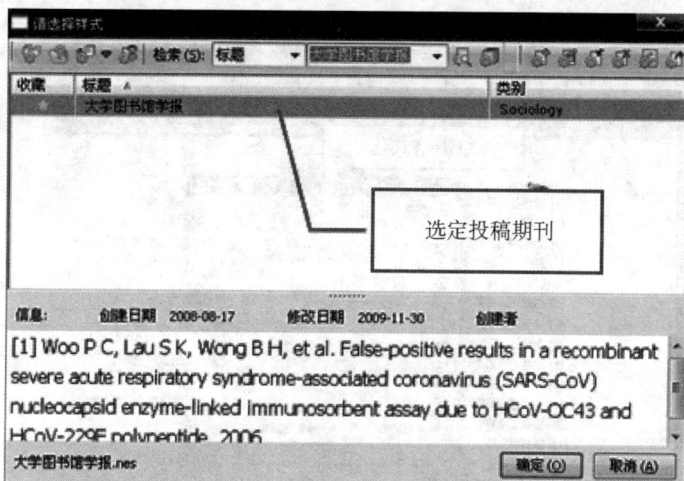

选定投稿期刊

[1] Woo P C, Lau S K, Wong B H, et al. False-positive results in a recombinant severe acute respiratory syndrome-associated coronavirus (SARS-CoV) nucleocapsid enzyme-linked immunosorbent assay due to HCoV-OC43 and HCoV-229E polypeptide. 2006

自动生成拟投稿期刊的参考文献格式

SDI 又称跟踪服务 对口服务，是高校图书馆支持科研活动的主要手段，能够满足科研人员对文献信息和情报资料的需求 SDI 是图书情报人员根据社会发展和科学研究的需要，选定有关研究课题项目，深入其中，及时 主动 连续地搜集分析 筛选 加工 推送文献信息情报资料，并根据资料评述课题发展状况，一跟到底地直至研究课题完成的综合性用户服务 SDI 的发展经历了手工检索时代 计算机检索时代，发展至 Lib2.0 时代，服务得以不断推广 近几年，SDI 在信息源质量 信息检索手段 信息处理技术 服务人员素质 服务规范等方面都有显著的进步，但是还存在着严重的不足 IC 的建设完善和提升了图书馆各项服务要素，使图书馆面貌焕然一新，给 SDI 的发展带来了机遇 同时 IC 也必须通过开展 SDI 来开拓发展前景。

2.1 科研人员需要 SDI

互联网的发展及 Web2.0 的繁荣使信息爆炸加速，信息资源的分布更加复杂散乱 信息污染更加严重 虽然科研人员的信息素养已经得到很大提高，但是他们通常仅熟悉本专业常用的数据库，检索范围也往往局限于本校馆藏，对信息源的把握不够全面深入，容易造成重要信息的漏检，而且他们教学科研任务重 时 ……并为节省大量查找整理资料的时间，集中精力进行……有必要的。

参考文献

[1] 陈康芳. 第二作者 信息共享空间环境下的定题情报服务. 第二标题. 版本 ed 中国 出版社, 2009 3

[2] 李柏冬. 第二作者 高校图书馆信息共享空间建设. 第二标题. 版本 ed. 中国: 出版社, 2009 2

[3] 许琦. 第二作者 信息共享空间评价体系构建研究. 第二标题. 2010

图 5 - 18　如何生成拟投稿期刊参考文献格式(续)

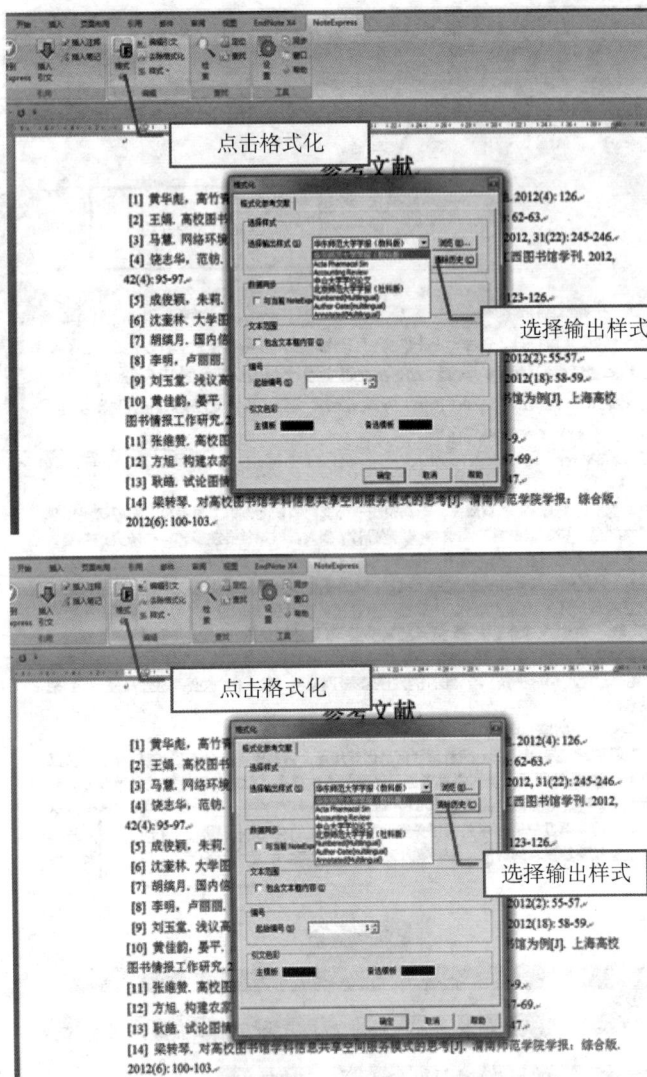

图 5-19　如何更改拟投稿期刊参考文献格式

参考文献

[1] 肖珑. 数字信息资源的检索与利用[M]. 北京:北京大学出版社,2013.

第六章　生态学论文写作

第一节　生态学论文写作

论文是指进行某一学术领域的研究和描述学术研究成果的文章，论文既是探讨问题进行学术研究的一种手段，又是描述学术研究成果进行学术交流的一种工具。它包括学术论文、学位论文、科技论文、成果论文等。撰写论文、传播科研结果是生态学科师生科研工作的最终成果表达。生态学科师生主要涉及的论文有为获得某一学位撰写的学位论文和开展学术交流撰写的学术论文。

1. 学位论文

学位论文是表明作者从事科学研究取得创造性的结果或有了新的见解，并以此为内容撰写而成、作为提出申请授予相应的学位时评审用的学术论文。

1）学士论文应能表明作者确已较好地掌握本门学科的基础理论，专门知识和基本技能，并具有从事科学研究工作或担负专门技术工作的初步能力。

2）硕士论文应能表明作者确已在本门学科上掌握坚实宽广的基础理论和系统的专门知识，并对所研究课题有新的见解，有从事科学研究工作或独立担负专门技术工作的能力。

3）博士论文应能表明作者确已在本门学科上掌握坚实宽广的基础理论和系统深入的专门知识，并具有独立从事科学研究工作的能力，在科学或专门技术上做出了创造性的成果[1]。

2. 学术论文

学术论文是某一学术课题在实验性、理论性或观测性上具有新的科学研究成果或创新见解和知识的科学记录;或是某种已知原理应用于实际中取得新进展的科学总结,用以提供学术会议上宣读、交流或讨论;或在学术刊物上发表;或作其他用途的书面文件。学术论文应提供新的科技信息,其内容应有所发现、有所发明、有所创造、有所前进,而不是重复、模仿、抄袭前人的工作[2]。学术论文不是对现有知识的复述,而是在一定专业水平和研究基础上进行的文字表达,提出自己独特的观点、见解和发现。概言之,学术论文就是对某个学科领域中某一学术问题做比较系统、专门的研究和探讨,表述创造性科研成果的理论性论文[3]。

第二节　生态学学位论文写作

研究生培养一般包括课程学习和撰写学位论文两个阶段,以撰写学位论文为主。围绕着撰写学位论文所需要的知识,研究生要努力拓宽、加深专业知识,多渠道掌握学科前沿信息,并学会在本领域进行创新性研究工作的方法和培养严谨的科学作风。

学位论文的准备、写作和答辩是一个有序且漫长的过程,往往会体现在研究生学习期间的每个阶段。一般来说,学位论文的写作过程分为三个阶段:论文准备阶段、课题研究阶段、论文撰写阶段。如图 6-1 所示。

1. 确定选题

选题,是学术论文写作的开始,也是选择和确定研究课题、研究方向的过程,是开展学位论文的第一步。一个有意义、有价值且具有可行性的选题,是产生有创新、有新思想、新见解的学位论文的关键。选题,不仅是科学研究能力的表现之一,也是影响学位论文整体层次的重要因素。学位论文的选题,提倡"学生自选、导师审定"的基本方式,同时,允许导师拟定选题范围由学生选择,或者由导师指定题目[4]。

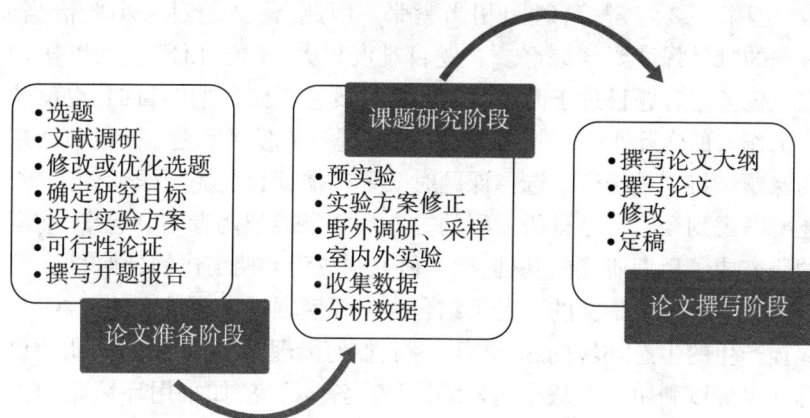

图6-1　学位论文写作过程

（1）生态学选题确定过程

选题是一个反复论证的过程,并不是一蹴而就的。选题需要研究生具有较强的信息素养能力,通过大量的文献调研,反复论证所选题目的国内外研究现状、是否具有创新性,如果已有他人研究,则需要重新修改选题,再文献调研。经过多次文献调研,分析总结后,形成学位论文选题。

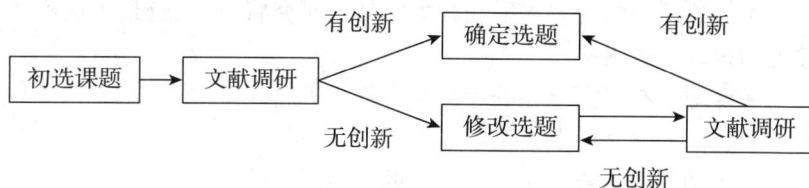

图6-2　学位论文选题过程

学位论文的选题要具备大小恰当、难易程度适中、有延展性等特点。选题不宜太大也不宜太小,受学位论文的写作时间限制,在有限的时间内要完成许多工作,诸如查阅文献、做实验、整理数据、起草、修改、定稿,还要答辩等,时间相当紧张。因此,论文题目大小要恰当。选题的难易程度要掌握好。若题目难度很大,不能胜任,就难以按期完成任务。若题目过于简单,轻而易举,既达不到预期的目的,也反映不出作者的实际水平。选择课题时,应选择有发展前途、有利于开拓的课题。特别是研究生选择课题时既要考虑到目前完成学业的需要,还要考虑到今后自己科研发展的方向。如果能把两者结合起来,前期的研究成了后期研究的基础,后期研究则成为前期工作的延伸[5]。

生态学学位论文的选题可结合生态环境领域大家关心的问题,如雾霾产生的生态环境问题,如何监测、如何治理等;再如生态文明建设等。也可以利用新方法、新技术用于生态学研究,如采用环境磁学方法研究城市生态环境问题等。

(2)生态学文献调研

1)文献调研的概念

文献调研是为开展某项科学研究而进行的信息检索和信息利用活动。对研究生开展学位论文而言,是指在论文选题和开题阶段,通过对数据库的检索,全面系统地进行有关文献的普查,通过阅读分析文献普查结果,明确:

● 初选课题的研究背景、研究意义;

● 初选课题的现有水平和在国内外的研究状况,以及是否达到或接近国内外先进水平;

● 课题现有研究存在的不足和有待改进之处;

● 在前人的基础上提出创新。

文献调研的关键是对文献资料的查全和查准:

● 查全:全面、合理地选择数据库,保证相关文献尽可能全部被检索到。

● 查准:准确、规范的检索词及其逻辑关系,保证检索到文献相关性较强。

2）文献调研的目的

文献调研的目的是通过对现有相关文献的检索、阅读与分析，全面掌握选题国内外研究现状，提高研究起点。通过阅读文献内容，可以为研究生选择研究课题、制订实验方案等提供研究思路。更可以借鉴文献提供的采样方法、实验方法等，节省预实验时间，从而整体上节约研究时间。

3）研究生开展文献调研的误区

● 文献调研的目的不够明确

研究生在开展文献调研的时候，对文献调研的目的不够明确。如果是撰写科技论文，需要检索最相关的文献；如果是撰写学位论文，则需要检索尽可能多的相关文献，可以将检索字段放宽，以免出现漏检。

● 检索词

搜索引擎已经成为中国乃至世界最主要的网上信息来源，用户查找资料越来越多地依赖于搜索引擎，经调查，有84%的用户使用搜索引擎进行信息检索，只有1%的人是从图书馆网页进行信息搜索[6]。这种情况在本科生、低年级研究生中更为普遍。由于搜索引擎的检索使用自然语言，可以自动断词，并可以自动扩展检索词，因此，很多研究生也将在搜索引擎中检索的习惯带入数据库中，往往检索到的结果很少或没有。以课题"城市水体富营养化"为例，在百度中直接输入"城市水体富营养化"，可以检索到很多相关文献。但是在数据库如中国知网中直接输入"城市水体富营养化"，获得的检索结果虽然相关性较好，但是检索结果非常少，用关键词字段检索结果甚至为零。因此，研究生在开展大量的文献调研时，要学会分析课题，提取并拓展关键词，用适当的逻辑算符组配，才能得到尽可能多的相关文献。

● 不了解信息源

随着网络的发展，用户文献阅读习惯的改变，各类移动终端日益便捷化，用户对电子资源的依赖已经远远超过纸质资源。而各高校图书馆对电子资源的采购经费出现逐年增加的趋势，其增长速度在近几年更是超过了纸质资源。清华大学图书馆图书采购经费中,电子资源占到 65%,其中 20% 用于购买国内的产品、80% 用于购买国外数据库[7]。图书馆购买的电子资源种类众多,虽然各大高校图书馆对所采购的电子资源往往都做了分门别类,但很多研究生仍然感觉眼花缭乱,不知从哪里入手。

生态学研究生在开展文献调研时,首先应该对所研究课题涉及的数据库有全面的了解;其次,需要对数据库的特性有深入认识,比如该数据库是文摘数据库还是全文数据库,是期刊数据库还是图书数据库,是否有引文检索等。

- 调研途径单一

研究生学位论文需要开展大量的文献调研,而不是只针对某一类文献类型开展检索。生态学学生在文献调研中出现最多的问题是仅调研期刊论文和不愿意阅读英文文献只选择中文文献。这种文献调研思路必将出现大量的漏检,无法全面了解所选课题在国内外研究现状。如学位论文具有引用参考文献多、文献综述全面等特点,应该成为重要的参考文献类型。

- 缺少基本的信息检索技巧

生态学的文献调研往往需要编制复杂的检索式才能全面反映课题的内涵。许多研究生由于缺少专业的培训,缺少最基本的检索技巧,往往只会用系统自带的多个检索框的逻辑组配来检索,所得结果不是太多就是太少,不能全面获取相关文献。

4)生态学文献调研策略

生态学的文献调研需要全面了解电子资源,需要分文献类型调研,需要按不同文献类型阅读、分析,为此,需要制定科学的文献调研策略。图 6-3 按重要性程度给出生态学科文献调研策略。图 6-3 显示出,生态学文献调研的文献类型按重要性程度由高到低分别为:期刊论文、学位论文、图书、会议论文、专利、年鉴/数据、标准。每种文献类型均列出需要调研的主要数据库(以华东师范大学图书馆所购为例),其中专利类别中所涉及的所有数据库在网上均可免费检索和获取全文。

5）阅读分析检索结果

● 阅读检索结果

如前所述，文献调研是对现有文献的大量调研，所获得的检索结果数量必然是巨大的。而学生对所选课题通常是初次接触，了解非常少，如果一开始就去阅读晦涩难懂的文献，必然是非常困难。如何通过阅读文献快速进入角色，掌握所选课题的全貌，需要有一定的技巧，掌握这些技巧，可以为学生快速进入角色起到事半功倍的效果。本书总结以下几点供学生参考：

先看综述（review）及研究性论文。综述性论文往往参考文献众多，对学生具有入门引导作用。学生通过阅读综述性论文后，可以对所选课题的来龙去脉有所了解，更可以对该选题现有研究存在的不足有所掌握，可以进一步修改选题，提出创新观点。若学生英文阅读水平有限，可先阅读中文综述论文。

再看学位论文。学位论文尤其是博士学位论文对本领域研究的过去与现状会有全面的综述，其涉及内容比综述论文更广泛，来龙去脉非常清晰，非常适合新进入该研究领域的学生研读，快速进入角色。此外，学位论文的参考文献丰富全面，可跟踪同行的科研进程，数据图表充分详尽，便于正在撰写学位论文的学生学习学位论文的写作方法。

跟踪会议文献。会议文献的特点是传递信息比较及时，内容新颖，专业性和针对性强，种类繁多，出版形式多样。一般是经过挑选的、质量较高、能及时反映科学技术中的新发现、新成果、新成就以及学科发展趋向，是一种重要的信息源。会议文献往往是研究人员阶段性的研究成果，所宣读的内容可能还未发表，但信息更新快。跟踪会议文献可以及时了解所选课题的最新研究进展，对于提高课题创新性具有重要意义。

6）分析检索结果

充分利用数据库自带的分析功能，可以使学生快速理清所选课题的研究机构、同行、重要期刊等。如利用 Web of Science 平台的分析功能，可以了解国内外同行信息、了解同行竞争机构、了解研究发展趋势、了解本领域重要或顶级期刊、了解交叉学科/领域的发展应用、快速查找期刊文献、综述、会议文摘和会议论文。

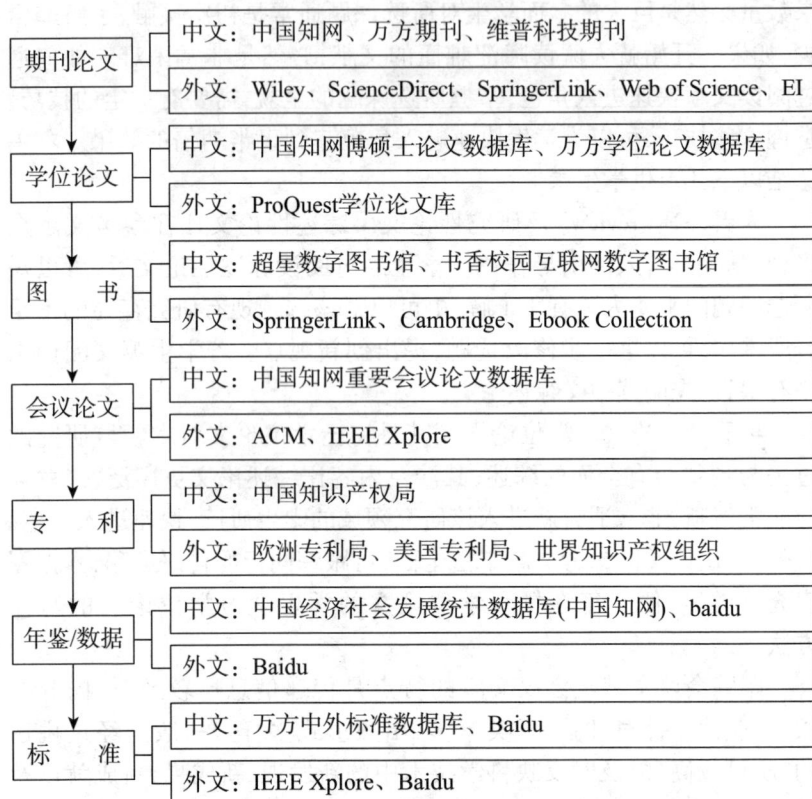

期刊论文	中文：中国知网、万方期刊、维普科技期刊
	外文：Wiley、ScienceDirect、SpringerLink、Web of Science、EI
学位论文	中文：中国知网博硕士论文数据库、万方学位论文数据库
	外文：ProQuest学位论文库
图　书	中文：超星数字图书馆、书香校园互联网数字图书馆
	外文：SpringerLink、Cambridge、Ebook Collection
会议论文	中文：中国知网重要会议论文数据库
	外文：ACM、IEEE Xplore
专　利	中文：中国知识产权局
	外文：欧洲专利局、美国专利局、世界知识产权组织
年鉴/数据	中文：中国经济社会发展统计数据库(中国知网)、baidu
	外文：Baidu
标　准	中文：万方中外标准数据库、Baidu
	外文：IEEE Xplore、Baidu

图 6-3　生态学文献调研策略

2. 学位论文撰写的基本结构与格式要求

于志刚勾画了学位论文的宏观结构图[8]，提出学位论文的宏观结构分为前置部分、主体部分和附属部分（图 6-4）。

前置部分 {
封面
封二
题名页（著作权声明和授权使用声明等内容）
摘要（或称"内容提要"）
序或前言（一般不提倡在学位论文中加"序"）
目录
}

主体部分 {
导论
本论
结论
注释（如果是尾注，可以放在这里。但是，
　　学位论文提倡脚注）
}

附属部分 {
涉及论文的图表或者资料统计附录（可以不
　　列举）
参考文献
后记（跋）
个人科研成果简表（提倡列举）
}

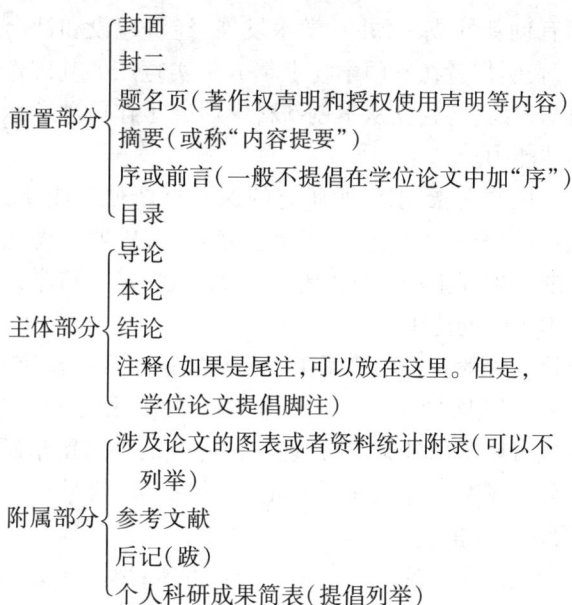

图 6-4　学位论文的宏观结构图

（1）学位论文基本格式要求

为统一规范博士、硕士学位论文的格式，保障学位论文的质量，促进学位论文的撰写、收集、存储、加工、检索和利用，各高校往往都制定了学位论文的规范格式。本书以华东师范大学为例，介绍学位论文的基本格式要求。华东师范大学根据国家标准《学位论文编写规则》（GB/T 7713.1—2006），结合学校实际情况，于 2013 年制定了适用于学术型研究生学位论文基本格式要求[9]。

学位论文是学位申请者本人在导师指导下独立完成的研究成果，是一篇系统完整、结构合理、科研工作量充足的学术论文。学位论文的内容应完整、准确。学位论文应遵守学术道德，符合学术规范，不得抄袭和剽窃他人成果。学位论文的学术观点必须明确，立论正确，推理严谨，数据可靠，层次分明，文字通畅。

博士学位论文，要求对所研究的课题在材料、角度、观点、方法、理论等方面有创新性成果,并对学术发展、经济建设和社会进步有较重要的意义,表明作者在本门学科上掌握坚实宽广的基础理论和系统深入的专门知识,具有独立从事创新科学研究工作或独立承担专门技术开发工作的能力。

硕士学位论文,要求对所研究的课题有新见解或新成果,并对本学科发展或经济建设、社会进步有一定意义,表明作者在本门学科上掌握坚实的基础理论和系统的专业知识,具有从事科学研究工作或承担专门技术工作的能力。

学位论文一般应采用国家正式公布实施的简化汉字,除语言学和历史学研究中涉及的古文字和参考文献中引用的外文文献外。外语专业研究生可以采用外文撰写;理工科专业的外国留学研究生经批准可以使用外文撰写。论文中采用的术语、符号、代号在全文中必须统一,并符合规范化的要求。

文科专业的硕士论文一般不少于 3 万字;博士论文一般不少于 10 万字。理科、工科、医科根据各专业实际情况确定。

(2)学位论文的基本结构

学位论文基本结构包括前置部分、主体部分和结尾部分。

1)前置部分

- 封面:封面包括分类号、密级、学校代码、学位申请者的学号、校名、校徽、学位论文中文题目、学位申请者姓名、指导教师姓名及职称、培养单位名称、申请学位的学科门类、专业名称、研究方向、提交时间等。
- 论文题目:应准确概括整个论文的核心内容,简明扼要,一般不超过 25 个汉字,英文题目翻译应简短准确。必要时可加副标题。
- 封面的英文翻译。
- 原创性声明和授权使用声明:学位论文原创性声明由论文作者亲笔签名,授权使用声明由论文作者、导师亲笔签名,两个声明放置于一页,模板可在研究生院网页下载。

- 答辩委员会成员：以表格形式列出答辩委员会成员的姓名、职称、单位等信息，并注明答辩委员会主席。
- 摘要及关键词页：摘要包括中文摘要、英文摘要两部分。摘要是论文内容的总结概括，应简要说明论文的研究目的、基本研究内容、研究方法、创新性成果及其理论与实际意义等，突出学位论文的创新之处。不宜使用公式、图表，不标注引用文献。硕士论文摘要的字数一般为 300—500 字，博士论文摘要的字数一般为 500—1000 字。英文摘要应与中文摘要内容一致。摘要后面另起一行，列出 4—8 个关键词。关键词应体现论文特色，具有语义性，在论文中有明确的出处。
- 目录页：论文中章节标题的集合。包括序言（或前言）、章节标题的序号和名称、结论（结语）、参考文献、附录、后记、作者简历及在学期间所取得的科研成果等。章节的标题只列到节。
- 插图和附表页清单：论文中如图表较多，可以分别列出清单于目录页之后。图的清单应有序号、图题和页码，表的清单应有序号、表题和页码。

2）主体部分

论文的主体部分应用章节体，其中应包括第一章（绪论）和最后一章（结论）。

- 绪论（导论）：为论文的第一章，应包括论文的研究目的、流程和方法等以及论文研究领域的研究史回顾、文献综述等内容。应独立成章，用足够的文字叙述。
- 论文主体论述部分：第二章开始至最后一章（结论）之前的一章是学位论文的主体论述部分，由于涉及不同的学科，在选题、研究方法、结果表达方式等方面有很大的差异，不能做统一规定。但是，论文主体论述部分应层次分明、数据可靠、图表规范，文字简练、说明透彻、推理严谨、立论正确。论文中如出现非通用性的新名词、新术语、新概念，应做相应解释。
- 结论（结语）：论文的最后一章是论文的结论部分，是全文最终的、总体的结论,不是正文中各段小结的简单重复。结论应包括论文的核心观点,交代研究工作的局限,提出未来工作的意见或建议。结论应该准确、完整、明确、精练。

- 余论:有些论文如有必要,可以在结论一章之后增列一章"余论",用于对本论文研究涉及的主要结论以外的、与本研究有关联的较有价值的、需要进一步(另行撰文)研究的论点的简要论述。

- 引文标注:论文中的引文标注应采用顺序编码制,采用"脚注"方式放置于正文每页的最下方。引文必须做注释,不能只列参考文献而对引用文字不注明出处,应注明所引文字的页码。引文标注格式示例:

> 中国标准研究中心等.GB/T 1.1—2000,标准化工作导则,北京:中国标准出版社,2001,第 12 页。

- 注释:当论文中的字、词或短语,需要进一步加以说明,而又没有具体的文献来源时,可以用注释。一般在社会科学中使用较多。

- 页码、页眉:学位论文的页码,前置部分采用罗马数字单独编连续码,正文和结尾部分用阿拉伯数字编连续码。双面复印时页码分别按左右侧排列。页眉应写明"华东师范大学博(硕)士学位论文"字样。

3)结尾部分

- 参考文献:参考文献是文中引用的有具体文字来源的文献集合,其著录项目和著录格式遵照国家标准《文后参考文献著录规则》(GB/T 7714—2005)执行。参考文献应置于正文后,并另起页。所有被引用文献均要列入参考文献中。参考文献的排序可按照著作出版年月,也可以按文献责任者姓名的拉丁字母顺序。

各种主要参考文献按如下格式编排:

专　　著:作者.题名[文献类型标志].出版地:出版者,出版年

份:起止页码

格式示例:[1]余敏.出版集团研究[M].北京:中国书籍出版社,2001:179—193.

学术期刊(连续出版物):作者.题名[文献类型标志].年,卷(期)号,起止页码。

格式示例:[1]中国图书馆学会.图书馆学通讯[J].1957,第45期,48—53.

学位论文:作者.论文题目[博(硕)士学位论文].授予单位所在地:授予单位,授予年份,起止页码。

格式示例:[1]张志祥.间断动力系统的随机扰动及其在守恒律方程中的应用[博士学位论文].北京:北京大学,1998,59—63.

专　　利:专利申请者或所有者.专利名称:专利国别,专利号.公开日期.

格式示例:[1]刘加林.多功能一次性压舌板:中国,92214985.2.1993 – 04 – 14.

电子文献:作者.题名.出版地,出版日期.获取和访问路径.

格式示例:[1]江向东.互联网环境下的信息处理与图书管理系统解决方案.情报学报,2000 – 01 – 18. http://www.chinainfo.gov.cn.

博士学位论文参考文献不得少于50篇/本,硕士学位论文参考文献不得少于30篇/本。引用的文献必须有外文文献(不含中文译本),外语专业必须有本专业语种以外的其他语种的外文文献。

- 附录:附录是正文主体的补充,并不是必需的。下列内容可作为附录编于论文后:由于篇幅过大,或取材于复制件不便编入正文的材料、数据;不便于编入正文的罕见珍贵材料;对一般读者并非必要阅读,但对本专业同行有参考价值的资料;正文中未被引用但被阅读或具有补充信息的文献;某些重要的原始数据、数学推导、结构图、统计表、计算机打印输出件等。

- 后记:后记主要叙述与学位论文写作工作有关的其他内容,包括致谢等。字体应和论文正文有所区别,篇幅以一页纸为限。
- 作者简历及在学期间所取得的科研成果:博士必须附上作者简历,包括教育经历、工作经历,以及在攻读博士学位期间所取得的科研成果和完成的工作。硕士可根据需要,并非必须。

4)打印规格与装订要求

- 字号字体:一级标题用 3 号粗黑体;二级标题用 4 号粗黑体;三级标题用小 4 号粗黑体。正文内容用小 4 号宋体。其他部分的字体应和正文字体有所区别。
- 排版打印:论文统一按 word 格式 A4 纸("页面设置"按 word 默认值)排版,字符间距为标准,行距为 25 磅;双面打印。
- 装订:依次按照封面的英文翻译、学位论文原创性声明、授权使用声明、学位论文答辩委员会成员名单、论文摘要及关键词、目录、正文、附录、参考文献、后记的顺序,用学校统一印制的学位论文封面线装或热胶装订成册,不能使用钉子、简易文件夹装订。
- 论文书脊:为便于学位论文的管理,装订时应有清晰的论文书脊,须写明"华东师范大学"、论文题目、作者姓名及学位申请年份的字样。

5)报送的册数与要求

- 硕士学位论文应按导师、论文评阅人、答辩委员会成员每人 1 本,以及向国家有关部门提交论文等要求,确定打印或复印的册数,一般应有 10—15 本。
- 博士学位论文按导师、论文评阅人、盲审专家、答辩委员会成员每人 1 本,校图书馆 1 本,以及向国家有关部门提交论文等要求,确定打印或复印的册数,一般应有 15—25 本。
- 所有获得硕士或博士学位的研究生,应按图书馆的要求提交与印刷版完全一致的电子文本,内容包括:封面、原创性声明和著作权使用声明、答辩委员会成员、摘要、目次、正文及参考文献、后记等。电子文本的文件格式为 PDF 文件。(具体要求请参见华东师范大学图书馆主页——硕/博论文递交)。

- "秘密""机密"级别的学位论文也须向学校档案馆提交纸质和电子文本,并附一份盖有华东师范大学保密委员会印章的《研究生申请学位论文"涉密"审批表》。

- 研究生毕业离校时,其学位论文须通过图书馆、档案馆相关部门验证合格,方可办理离校手续。

第三节　生态学学术论文写作

史长磊对科技论文做了如下定义:科技论文是以自然科学技术为研究对象,用归纳判断,演绎推理,反驳类比等逻辑思维手段,分析和表达科技研究成果的文章[10]。科技论文要具有创新性、科学性、学术性、规范性和可读性的特点。科技论文的规范结构通常包括:题名、署名、摘要、关键词与分类号、引言、正文、结论、致谢和参考文献。科技论文的基本要素如下表所示。生态学科学术论文大多属于科技论文,科技论文的基本要素同样适用于生态学科。

表 6-1　科技论文的基本要素

要素	描述
标题(Title)	脸面
作者(Author)	身份
关键词(Keyword)	第一印象
摘要(Abstract)	名片
引言(Introduction)	开场白,存在什么问题
材料与方法(Materials & Methods)	使用工具

要素	描述
结果(Results)	你的故事
讨论(Discussion)	
结论(Conclusion)	
致谢(Acknowledgments)	谁帮了我
参考文献(References)	我参考了谁的工作

1. 题名

题名是以最恰当、最简明的词语反映报告、论文中最重要的特定内容的逻辑组合[11]。科技论文的题名的拟定需要以最少数量的单词来充分表述论文的内容。题名的作用是:吸引读者,题名相当于论文的"标签"(label),题名如果表达不当,就会失去其应有的作用——使真正需要它的读者错过阅读论文的机会;帮助文献追踪或检索,文献检索系统多以题名中的主题词作为线索,因而这些词必须要准确地反映论文的核心内容,否则就有可能产生漏检。

拟题的基本要求:①准确(Accuracy):准确地反映论文的内容。②简洁(Brevity):中文最好不超过20个汉字,英文最好不超当于10—12个单词。③清楚(Clarity):清晰地反映文章的具体内容和特色,力求简洁有效、重点突出。要注意:尽可能将表达核心内容的主题词放在题名开头;慎重使用缩略语;避免使用化学式、上下角标、特殊符号(数字符号、希腊字母等)、公式等;避免使用"Thoughts on…""Regarding…""Study…",等等。

题名举例:

Good:Identification of human brain tumour initiating cells (推荐)

Bad:CD133 + brain tumour fraction contains cells that are capable of tumour initiation in non-obese diabetic severe combined immuno-deficient mouse brains(不推荐)

　　Bad:Action of antibiotics on bacteria(不推荐)

　　Bad:Preliminary observations on the effect of certain antibiotics on various species of bacteria(不推荐)

　　Good:Action of Streptomycin on Mycobacterium tuberculosis(推荐)

　　Better:Inhibition of growth of Mycobacterium tuberculosis by Streptomycin(推荐)

2. 作者

　　署名是作者拥有著作权的声明。作者的著作权包括发表权、署名权、修改权、保护作品完整权、复制权、发行权、出租权、展览权、表演权、放映权、信息网络传播权、摄制权、改编权、翻译权、应当由著作权人享有的其他权利。作者一旦在作品上署了名，便是作品的著作权人，也就拥有法律赋予的所有的著作权[12]。

　　学术论文署名的个人作者，只限于那些对于选定研究课题和制订研究方案，直接参加全部或主要部分研究工作并做出主要贡献以及参加撰写论文并能对内容负责的人，按其贡献大小排列名次。

　　英文科技论文中，汉语人名按姓和名分写，姓和名的开头字母大写，如：Wang Jianguo(王建国)，Dongfang Shuo(东方朔)，Zhuge Kongming(诸葛孔明)等。应尽量采用相对固定的英文姓名的表达形式，以减少在文献检索和论文引用中被他人误解的可能性。

　　如果第一作者不是通讯作者，作者应按期刊的相关规定表达，并提前告诉编辑。期刊多以星号(＊)、脚注或致谢的形式标注通讯作者或联系人。

3. 摘要

　　摘要是报告、论文的内容不加注释和评论的简短陈述。摘要应具有独立性和自含性,即不阅读报告、论文的全文,就能获得必要的信息。摘要中有数据、有结论,是一篇完整的短文,可以独立使用,可以引用,可以用于工艺推广。摘要的内容应包含与报告、论文同等量的主要信息,供读者确定有无必要阅读全文,也供文摘等二次文献采用。摘要一般应说明研究工作目的、实验方法、结果和最终结论等,而重点是结果和结论。中文摘要一般不宜超过200—300字;外文摘要不宜超过250个实词。如遇特殊需要字数可以略多。除了实在无变通办法可用以外,摘要中不用图、表、化学结构式、非公知公用的符号和术语。

摘要应概括说明全文的主要内容,包括目的、方法、结果和结论四个方面,应重点写出具体的研究结果,特别是创新之处。研究目的:说明此项研究的前提、目的、任务和要解决的问题。研究方法:说明研究的工作过程及所采用的技术手段或方法,也包括理论、假设或边界条件,使用的主要设备和仪器。研究结果:通过研究或实验所取得的数据。研究结论:结论指通过对结果的分析、比较、评价、应用所得出的倾向性意见,或提出问题,以及建议和应用预测等。

摘要应在正文完成后再写,有利于文章的提炼。摘要的内容可以来源于正文的各个部分,但又具有独立性与自含性。

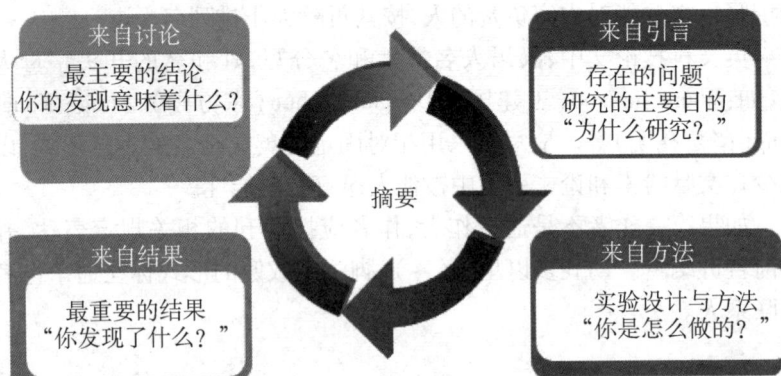

图6-5 摘要的写作方法

4. 关键词

关键词是为了文献标引工作从报告、论文中选取出来用以表示全文主题内容信息款目的单词或术语[13]。关键词是从论文中提炼出来的、最能反映论文主题和中心内容的单词或词组。关键词是一种表达论文的要素特征，并具有实质意义的检索语言。关键词是一篇论文的重要信息点，关键词比标题的内容更丰富[14]。

关键词拟定注意事项：不要使用过于宽泛的词作关键词（如有机化合物、生态科学等），以免失去检索的作用；避免使用自定的缩略语、缩写字作为关键词，除非是科学界公认的专有缩写字（如：DNA）；关键词的数量要适中，一般为3—8个。不同期刊要求不同。

5. 引言

引言（或绪论）简要说明研究工作的目的、范围、相关领域的前人工作和知识空白、理论基础和分析、研究设想、研究方法和实验设计、预期结果和意义等。应言简意赅，不要与摘要雷同，不要成为摘要的注释。一般教科书中有的知识，在引言中不必赘述。

引言应以简洁、准确的语言写出论文课题研究的背景、研究的目的、研究的方法等。研究的背景：介绍国内外就此问题研究的现状和存在的问题，技术成果的应用前景，选题研究的主要依据和打算等。研究的目的：介绍本研究工作的任务和目的是什么，预测达到的结果和效果怎样。本研究在理论上有什么创新论点，在技术上有什么创新方法等。研究的方法：介绍本研究采用什么方法、理论模型及实验设备，这些方法、理论和设备的功能效果如何。概述本研究的主要过程。研究创新点：介绍开展本研究的主要创新点。

引言是科技论文尤其是英文科技论文最难写作的部分，一般建议在完成正文的材料与方法、结果与讨论以及结论部分后再写。引言部分的写作是对作者写作水平的考核与检验，也是对作者开展研究的创新性的理解的检验。

引言部分需要做全面的文献综述,需要作者对所研究领域文献有一个全面的总结与评述。引言的结构可以由图6-6表示:

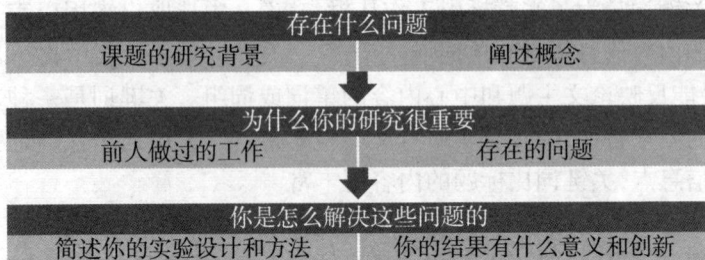

图6-6　引言撰写结构图

引言的撰写需要注意:应引用"最相关"的文献以指引读者。力戒刻意回避引用最重要的相关文献;避免不恰当地大量引用作者本人的文献;解释或定义专门术语或缩写词,以帮助编辑、审稿人和读者阅读与理解;叙述前人工作的欠缺以强调自己研究的创新时,应慎重且留有余地(避免"首次提出""重大发现"等)。

6. 材料与方法

明确描述实验对象和方法的选择,医学论文中还应说明实验过程是否符合伦理学要求;详细描述实验方法和实验步骤;列举建立方法的参考文献,并做简要描述(但不需全部重复描述);如果对已有方法进行新的或实质性的改进,就要清楚地说明改进的理由。材料与方法部分的描述应该尽可能详细,以便别人能够在其他实验室重复你的实验。

7. 结果

结果部分需要客观的描述观察、实验后的结果,对实验或观察结果的表达要高度概括和提炼(按逻辑顺序描述或总结重要的观察结果);数据表达可采用文字与图表相结合的形式(避免使用文字、图、表重复同一数据);尽可能列出"结果"的原始数据,而不能只报道统计处理后的数据；如果正文的结果与讨论部分是分开的，则在结果部分只描述结果，不做解释，解释放在讨论部分中。

8. 讨论

"讨论"的重点在于对研究结果的解释和推断，并说明作者的结果是否支持或反对某种观点、是否提出新的问题或观点等；撰写讨论时要避免含蓄，尽量做到直接、明确，以便审稿人和读者了解论文为什么值得引起重视。

讨论部分基本内容包括：对结果提出说明、解释或猜测；根据这些结果，能得出何种结论或推论？指出研究的局限性以及这些局限对研究结果的影响；并建议进一步的研究题目或方向；指出结果的理论意义（支持或反驳相关领域中现有的理论、对现有理论的修正）和实际应用。

撰写讨论部分的注意事项：对结果的解释要重点突出，简洁、清楚；着重讨论本研究的重要发现，以及由此得出的结论，不要过细地重复引言或结果中的数据或资料；推论要符合逻辑，避免实验数据不足以支持的观点和结论；对结果的科学意义和实际应用的表达要实事求是，适当留有余地；讨论的最后最好是论文的最重要的结论。

9. 结论

论文的结论部分包括以下几个部分：作者本人研究的主要认识或论点；总结性地阐述本研究结果可能的应用前景、研究的局限性及需要进一步深入的研究方向；结论中不应涉及新的事实，也不能简单地重复摘要、引言、结果或讨论等章节中的句子。

10. 致谢

对于不够署名条件，但对研究成果确有贡献者，可以"致谢"的形式列出，作为致谢的对象通常包括：国家科学基金、资助研究工作的奖学金基金、合同单位、资助或支持的企业、组织或个人；协助完成研究工作和提供便利条件的组织或个人;在研究工作中提出建议和提供帮助的人;给予转载和引用权的资料、图片、文献、研究思想和设想的所有者;其他应感谢的组织或个人[1]。

11. 参考文献

"为撰写或编辑论文和著作而引用的有关文献信息资源"称为文后参考文献。参考文献是编辑核实引文的依据,是读者检索文献的途径,是引文编辑者编制引文索引的基础[11]。GB/T 7714—2005《文后参考文献著录规则》规定了不同类型纸质参考文献、电子参考文献及其标志代码(表6-6)。

表6-6 文献类型和标志代码

参考文献类型	图书	会议录	汇编(多著者或个人的论文集)	报纸	期刊	学位论文	报告	标准	专利
文献类型标志代码	M	C	G	N	J	D	R	S	P
电子参考文献类型	数据库	计算机程序	电子公告	磁盘	磁带	光盘	联机网络		
电子文献类型标识	DB	CP	EB	DK	MT	CD	OL		

(1)参考文献著录格式

参考文献的著录格式为:主要责任者. 题名:其他题名信息[文献类型标志]. 其他责任者. 版本项. 出版地:出版者,出版年:引文页码[引用日期]. 获取和访问路径.

示例:

普通图书:

主要责任者. 题名:其他题名信息[文献类型标志]. 其他责任者. 版本项. 出版地:出版者,出版年:引文页码[引用日期].获取和访问路径.

　　a)李博.生态学[M].北京:高等教育出版社,2000:
　　　52—62.

　　b)宋永昌,由文辉,王祥荣.城市生态学[M].上海:华东
　　　师范大学出版社,2000:125—128.

期刊论文:

主要责任者.文献题名[文献类型标志].题名:其他题名
信息,年,卷(期):页码[引用日期].获取和访问路径.

　　a)刘宪锋,任志远,林志慧,刘焱序,张东海.2000—2011
　　　年三江源区植被覆盖时空变化特征[J].地理学报,
　　　2013(7):897—908.

　　b)列淦文,叶龙华,薛立.臭氧胁迫对植物主要生理功能
　　　的影响[J].生态学报,2014,34(2):294—306.

会议论文集:

主要责任者.文献题名[文献类型标志].出版地:出版
者,出版年:起止页码.

　　a)Rosenthall E M. Proceedings of the Fifth Canadian Math-
　　　ematical Congress,University of Montreal,1961[C]. To-
　　　ronto:University of Toronto Press,1963.

学位论文:

主要责任者.文献题名[D].保存地点:学位授予单位,
学位授予年份

　　a)李君勇.青藏高原高寒草甸群落结构和功能对环境干
　　　扰的响应[D].兰州:兰州大学,2016.

　　b)余刚.四翅滨藜抗逆相关基因的筛选及其通道蛋白功
　　　能解析[D].长春:吉林大学,2016.

c)黄超.拟南芥叶绿体 PPR 蛋白 AtECB2 参与 RNA 编辑的机理研究[D].上海:华东师范大学,2016.

专利文献:

专利申请者或所有者.专利题名:专利国别,专利号[文献类型标志].公告日期或公开日期[引用日期].获取和访问路径.

a)贾振坤.组合式水培植物种植装置:中国,CN205567362U[P].2016 – 05 – 10.

b)安徽续动环保科技有限公司.一种高效除尘的气箱式袋式除尘器:中国,CN105903306A[P/OL].2016 – 07 – 02[2016 – 09 – 23]. http://www. pss-system. gov. cn/si-popublicsearch/patentsearch/showSearchResult-drillSearchByViewSetting. shtml.

专著中析出的文献

析出文献主要责任者.析出文献题名[文献类型标志].析出文献其他责任者/专著主要责任者.专著题名:其他题名信息.版本项.出版地:出版者,出版年:析出文献的页码[引用日期].获取和访问路径.

a)程根伟.1998 年长江洪水的成因与减灾对策[M]//许厚泽,赵其国.长江流域洪涝灾害与科技对策.北京:科学出版社,1999.

b)MARTIN G. Control of electronic resources in Australia [M]//PATTLE L. W. ,COX B. J. Electronic resources:selection and bibliographic control. New York:The Haworth Press,1996:85—96.

报纸中析出的文献

作者.文献题名[N].报纸名,出版日期(版次).

  a)丁文祥.数字革命与竞争国际化[N].中国青年报,
  2000-11-20(15).

电子文献:

主要责任者.题名:其他题名信息[文献类型标志/文献载体标识].出版地:出版者,出版年(更新或修改日期)[引用日期].获取和访问路径.

  a)谢平.生态文明的自然本原[EB/OL].[2016-09-
  23].http://blog.sciencenet.cn/blog-1475614-929155.
  html.

  b)梁运姗,肖景锋,王智.Bt毒素在土壤中环境行为的研究
  进展[EB/OL].北京:中国科技论文在线[2016-09-
  23].http://www.paper.edu.cn/releasepaper/content/
  201606-239.

(2)参考文献标注法

正文中引用的文献的标注方法可以采用顺序编码制,也可以采用著者—出版年制。

1)顺序编码制

顺序编码制是按正文中引用的文献出现的先后顺序连续编码,并将序号置于方括号中。

同一处引用多篇文献时,只需将各篇文献的序号在方括号内全部列出,各序号间用“,”。如遇连续序号,可标注起讫序号。

如:论文:“申时才,徐高峰,张付斗,金桂梅,刘树芳,杨艳鲜,张玉华.红薯叶片浸提液对5种主要农田杂草种子萌发及幼苗生长的化感作用[J].生态学报,2017,37(6):1—8.”文中标注法如下:

化感物质可通过作用于植物的不同生长发育阶段而影响植物的生长、成株的开花结实等，最终导致植物种群被抑制[5, 7, 13, 15]。本研究表明，红薯叶片水浸液对牛膝菊、藿香蓟、鬼针草、马唐和稗草种子萌发没有明显的抑制作用，但对种子的发芽势影响比较显著(表1)，能明显延缓这些种子的萌发。红薯叶片水浸液对 4 种受体杂草牛膝菊、藿香蓟（除了茎长）、鬼针草、马唐幼苗根的生长、茎长和生物量均有显著的抑制作用，且随浓度增加而显著增强，但对稗草幼苗根的生长抑制趋势并不规律。种子萌发对物种更新至关重要，发芽速度降低可能会降低植物在群落中的竞争优势。发芽势低，发芽时间延长，出苗延后，将严重影响植物对地上和地下资源的竞争能力[15-19]。化感物质对根生长的抑制导致植株根系变小、吸水、吸肥能力降低，降低其对资源的有效利用，进而直接影响该物种以后的生长发育及其在群落中的地位和作用。

按文献序号间用"，"隔开

连续序号

文后参考文献按在文中出现顺序，按序排列。

参考文献(References)：

[1] Chauhan B S, Johnson D E. Row spacing and weed control timing affect yield of aerobic rice. Field Crops Research, 2011, 121(2)：226-231.

[2] 李储海，强胜，邱多生，储秋华，潘根兴. 长期不同施肥方式对稻油两熟制油菜田杂草群落多样性的影响. 生物多样性, 2008, 16(2)：118-125.

[3] 申时군，徐高峰，张付斗，金桂梅，李天林，张玉华. 水浮莲对水稻竞争效应、产量与土壤养分的影响. 生态学报, 2013, 33(18)：5523-5530.

[4] 杨健源，杨贤智. 我国杂草科学的研究与应用进展. 广东农业科学, 1998, (5)：26-29.

[5] Duke S O. Weeding with allelochemicals and allelopathy-a commentary. Pest Management Science, 2007, 63(4)：307-307.

[6] Bastiaans L, Paolini R, Baumann D T. Focus on ecological weed management：what is hindering adoption?. Weed Research, 2008, 48(6)：481-591.

2）著者—出版年制

正文引用的文献采用著者—出版年制时，各篇文献的标注内容由著者姓氏与出版年构成，并置于"（ ）"内。倘若只标注著者姓氏无法识别该人名时，可标注著者姓名，例如中国人著者、朝鲜人著者、日本人用汉字姓名的著者等。集体著者著述的文献可标注机关团体名称。倘若正文中已提及著者姓名，则在其后的"（ ）"内只需著录出版年。在正文中引用多著者文献时，对欧美著者只需标注第一个著者的姓，其后附"et al"；对中国著者应标注第一著者的姓名，其后附"等"字，姓氏与"等"之间留适当空隙。

如论文"Maynard J. J. , Karl J. W. , Browning D. W. Effect of spatial image support in detecting long-term vegetation change from satellite time-series Landscape Ecol(2016)31：2045 – 2062"，文中参考文献标注方式如下：

computation capacity, in particular clou
puting platforms such as Google Earth
(iv) advances in change detection algorithms using
high temporal resolution satellite image stacks (Ken-
nedy et al. 2010; Verbesselt et al. 2010a, 2012). In
light of these developments, a quantitative evaluation
of the effects of spatial image support (e.g., Landsat
vs. MODIS) on high temporal frequency change
detection is needed.

多著者论文标注第一个著者的姓，其后附et al

同一著者同一年份的多篇
文章在年份后用a，b区分

Accurate detection of landscape change requires
the optimization of spatial and temporal scales in
remote sensing imagery to match the characteristic
scale (i.e., typical spatial extent or temporal frequency
that characterize an environmental pattern or process)
of the phenomenon of interest (Wu and Li 2006;
Kennedy et al. 2014). The effects of optimizing the

只有两名著者时同时
列出两名著者的姓

文后参考文献：

Karl JW, Maurer BA (2010) Spatial dependence of predictions from image segmentation: a variogram-based method to determine appropriate scales for producing land-management information. Ecol Inform 5:194–202

Kennedy RE, Andréfouët S, Cohen WB, Gómez C, Griffiths P, Hais M, Meigs GW (2014) Bringing change to landsat-based remote sensin ron 12:339–346

Kennedy RE, Yang Z, Cohen WB (2010) forest disturbance and recovery using yearly Landsat time series: 1. LandTrendr—temporal segmentation algorithms. Remote Sens Environ 114:2897–2910

Kerr JT, Ostrovsky M (2003) From space to species: ecological applications for remote sensing. Trends Ecol Evol 18:299 305

production in the Senegalese Sahel: 1980–1984. Remote Sens Environ 17:233–249

Verbesselt J, Hyndman R, Newnham G, Culvenor D (2010a) Detecting trend and seasonal changes in satellite image time series. Remote Sens Environ 114:106–115

an R, Zeileis A, Culvenor D (2010b) nge detection while accounting for abrupt ds in satellite image time series. Remote 4:2970–2980

Verbesselt J, Somers B, Van Aardt J, Jonckheere I, Coppin P (2006) Monitoring herbaceous biomass and water content with SPOT VEGETATION time-series to improve fire risk assessment in savanna ecosystems. Remote Sens Environ 101:399–414

Verbesselt J, Zeileis A, Herold M (2012) Near real-time dis

同一著者同一年份的多篇
文章在年份后用a，b区分

参考文献

[1－2] GB 7713—87.科学技术报告、学位论文和学术论文的编写格式[S],1987.

[3][11][13] 学术论文写作编写组.学术论文写作[M].成都:四川大学出版社,2013.

[4] 于志刚.学位论文基本结构与写作规范[M].北京:国家行政学院出版社,2006.

[5] 蒋瑞松.理工科大学生学位论文写作规范与方法[M].上海:上海大学出版社,2011.

[6] 张晓雁,徐波.Google 族,图书馆的无情冲击?[J].图书馆理论与实践,2010(4):23—27.

[7] 清华大学图书馆:电子资源采购占总经费的65%[EB/OL].[2016－11－23].

http://www. guopu. cc/slsw/2015/01/11/f335c805-b84b-419a-aabe-2e4c0c9a5ce8. htm.

［8］于志刚.学位论文基本结构与写作规范［M］.北京:国家行政学院出版社,2006.

［9］华东师范大学学位评定委员会.华东师范大学学位论文格式要求［EB/OL］. ［2016 – 11 – 23］. http://www. yjsy. ecnu. edu. cn/f8/27/c3602a63527/page. htm.

［10］［14］史长磊.科技论文写作规范与方法:科研一线读者和科技工作者的案头必备工具［M］.北京:中国纺织出版社,2013.

［12］全国人民代表大会常务委员会.中华人民共和国著作权法［Z］.2010 – 02 – 26.

［15］GB/T 7714—2005.文后参考文献著录规则［S］,2005.

第七章　学术规范

　　"近20年来,对学术不端行为的过度宽容,导致更多的人铤而走险,不劳而获。这种对学术造假恨不起来的糊涂思想严重影响了学术的健康发展,在这样的环境中,何谈创新?"3月9日,全国政协委员、中国科技大学原校长、中科院院士朱清时在接受记者采访时痛切地说。他认为:"学术道德对学术来说,就是生态! 如果把道德环境破坏了,学术生态就会萎缩。"目睹近年来学术环境的变迁,朱清时委员忧心忡忡。"对学术不道德的剽窃、造假行为,大家都很义愤,但后来,我觉得气氛在慢慢变,造假、剽窃的事情变多了,原因就是大家不知道怎么就宽容起来了。"朱清时委员无奈地说,"学术造假与造假币、假货没有什么两样,不打击假币、假货,经济秩序就会混乱,不打击学术造假,就打击了老老实实工作的人,创新能力自然会萎缩。"复旦大学教授葛剑雄把学术道德问题细分成两个层面:一方面涉及的是正确的学风,有的学生投机取巧、抄袭、作弊,对这类学术道德问题应主要以教育、管理来解决;另一方面,是学术腐败,在他看来,学术腐败就是利用权力和金钱来达到学术上的个人目的[1]。

　　马革兰等在研究中指出当前高校学术失范的主要表现有:侵占、抄袭和剽窃别人的学术成果、伪造或篡改实验数据或引用的数据资料、雇佣或充当"枪手"[2]。同时,他还指出部分研究生学术失范的根源有:社会环境的影响(功利心)、高校只重视研究生科研能力培养、缺乏学术道德教育、研究生学术评价指标体系、制度不健全、导师发挥作用不到位[3]。规范研究生学术道德的对策主要有:规范研究生学术道德教育制度,建立健全学术不端行为的惩处机制、加强对研究生学习纪律及风气的监管、对研究生的学术要求合理化、重视导师在研究生学术道德培养中的作用、将学术道德教育纳入研究生的教学计划、发挥学术道德舆论导向与监督作用,积极营造良好的学术氛围。

对于学术道德的规范与管理近年来不断加强。2004 年 8 月,教育部发布《高等学校哲学社会科学研究学术规范(试行)》;2007 年 2 月,中科院发布《关于科学理念的宣言》和《中国科学院关于加强科研行为规范建设的意见》;2007 年 3 月,中国科协发布《科技工作者科学道德规范(试行)》。更加引人注目的是,2008 年 7 月 1 日,修订后正式实施的《科技进步法》不仅提出对承担探索性强、风险高的科研项目的科技人员可宽容失败,而且强调对科技人员进行诚信监督,对出现的科研不端行为进行调查和处理,规定"应当为参与项目的科学技术人员建立学术诚信档案"[4]。与此同时,教育部学风建设委员会于 2008 年年底完成《高等学校哲学社会科学学术不端行为处理的意见》《高等学校人文社会科学学术规范手册》和《学术博客自律倡议书》(征求意见稿)等文件和规范的制定工作,为推进高校学术道德和学风建设提供了政策依据。而在各高校,学风建设组织机构也相继建立健全,并制定了专门的规章制度。如北京大学在 2006 年修订了《北京大学教师学术道德规范》,同时印发了《北京大学关于进一步加强师德建设的意见》和《北京大学学术道德建设方案》等文件,以加强师德建设和学术道德建设。复旦大学于 2005 年 4 月成立学术规范委员会,受理学术不端行为的举报,按照公平、公正、公开的原则和既定程序进行调查,提供明确的调查结论和处理意见[5]。

学术规范是人们在长期的学术实践活动中所逐步形成的被学术界公认的一些行为规则。学术实践活动大体可包括学术研究、学术写作、学术评价(含学术批评)、学术管理诸形式,学术规范则体现在学术实践活动的方方面面和全过程,并集中表现为道德规范、法律规范、技术规范三个基本组成部分。由学术实践活动的丰富性和多样化所决定,学术规范具有明显的层次性。若从学科角度考察,起码可分为两个层次:一为各学科通行的基础性规范,一为在某一学科内通行的学科规范(如史学规范、经济学规范等)[6]。张积玉从学术道德规范、学术法律规范、学术写作技术规范、学术评价规范四个方面构建学术规范的体系[7]。

第一节 学术规范体系

1. 学术道德规范

学术道德是人们在从事学术研究活动时所遵循的道德规范和行为准则,是指导研究者在学术研究活动中正确处理人与自然、人与人、个人与社会、个人与国家之间关系的行为规范,是衡量研究者道德品质的重要标准[8]。学术道德是学术规范的核心内容。参考教育部《关于树立社会主义荣辱观——进一步加强学术道德建设的意见》的内容[9],学术道德的具体内容应该包括:

1)学术自律规范。广大哲学社会科学和自然科学工作者要恪守学术道德,坚守学术诚信,在追求真理的过程中,修身正己,自我约束。要具有高度的历史使命感、政治责任感和社会正义感,勇于承担学术责任和学术义务,努力做学术道德和良好学风的维护者、践行者和弘扬者。实事求是、严谨治学。要忠于真理、探求真知,反对投机取巧、弄虚作假;要自觉遵守学术规范,潜心研究,努力铸造学术精品,反对粗制滥造、低水平重复;要正确对待学术荣誉,尊重他人劳动成果,反对抄袭剽窃、哗众取宠。正确行使学术权力。在各种学术评价活动中,要认真履行职责,发扬学术民主,客观公正、不徇私情,自觉抵制不良社会风气的影响,杜绝权学、钱学交易等腐败行为。尊重知识,尊重人才,尊重劳动,尊重创造。积极扶持青年科研工作者。

2)学术制度规范:建立和完善科学的评价机制和评价体系。建立和完善人员聘任制度和人才评价机制。建立学术监督和制约机制。建立学术道德奖励和惩处制度。

3)学术领导规范:各级教育部门、高等学校、教育科研机构要把学术道德建设作为事关全局的大事来抓。树立有利于学术道德建设的政绩观。及时妥善处理学术不端行为。加强学术道德教育。加强对学术出版的管理。努力营造有利于加强学术道德建设的良好氛围。

2. 学术法律规范

学术法律规范是指学术活动中必须遵循的国家法律法规的要求。根据我国宪法、著作权法及保密法等有关法律法规的条款,在学术活动中应严格遵守的法律规范的主要内容包括[10]:

1)遵守《中华人民共和国宪法》,应坚决贯彻执行党的路线、方针和政策,坚持以马列主义、毛泽东思想和邓小平理论为指导,坚持四项基本原则,坚持学术研究为社会主义现代化建设服务的方向。

2)遵守《中华人民共和国著作权法》有关法律文件规定[11]。

著作权人:

A. 著作权属于作者,本法另有规定的除外。创作作品的公民是作者。由法人或者其他组织主持,代表法人或者其他组织意志创作,并由法人或者其他组织承担责任的作品,法人或者其他组织视为作者。如无相反证明,在作品上署名的公民、法人或者其他组织为作者。

B. 改编、翻译、注释、整理已有作品而产生的作品,其著作权由改编、翻译、注释、整理人享有,但行使著作权时不得侵犯原作品的著作权。

C. 两人以上合作创作的作品,著作权由合作作者共同享有。没有参加创作的人,不能成为合作作者。合作作品可以分割使用的,作者对各自创作的部分可以单独享有著作权,但行使著作权时不得侵犯合作作品整体的著作权。

D. 汇编若干作品、作品的片段或者不构成作品的数据或者其他材料,对其内容的选择或者编排体现独创性的作品,为汇编作品,其著作权由汇编人享有,但行使著作权时,不得侵犯原作品的著作权。

E. 电影作品和以类似摄制电影的方法创作的作品的著作权由制片者享有,但编剧、导演、摄影、作词、作曲等作者享有署名权,并有权按照与制片者签订的合同获得报酬。电影作品和以类似摄制电影的方法创作的作品中的剧本、音乐等可以单独使用的作品的作者有权单独行使其著作权。

F. 公民为完成法人或者其他组织工作任务所创作的作品是职务作品,除本条第二款的规定以外,著作权由作者享有,但法人或者其他组织有权在其业务范围内优先使用。作品完成两年内,未经单位同意,作者不得许可第三人以与单位使用的相同方式使用该作品。

权利保护期:

A. 作者的署名权、修改权、保护作品完整权的保护期不受限制。

B. 公民的作品,其发表权、本法第十条第一款第(五)项至第(十七)项规定的权利的保护期为作者终生及其死亡后五十年,截止于作者死亡后第五十年的 12 月 31 日;如果是合作作品,截止于最后死亡的作者死亡后第五十年的 12 月 31 日。

C. 法人或者其他组织的作品、著作权(署名权除外)由法人或者其他组织享有的职务作品,其发表权、本法第十条第一款第(五)项至第(十七)项规定的权利的保护期为五十年,截止于作品首次发表后第五十年的 12 月 31 日,但作品自创作完成后五十年内未发表的,本法不再保护。

D. 电影作品和以类似摄制电影的方法创作的作品、摄影作品,其发表权、本法规定的权利的保护期为五十年,截止于作品首次发表后第五十年的 12 月 31 日,但作品自创作完成后五十年内未发表的,本法不再保护。

权利的限制:

A. 在下列情况下使用作品,可以不经著作权人许可,不

向其支付报酬,但应当指明作者姓名、作品名称,并且不得侵犯著作权人依照本法享有的其他权利:

(一)为个人学习、研究或者欣赏,使用他人已经发表的作品;

(二)为介绍、评论某一作品或者说明某一问题,在作品中适当引用他人已经发表的作品;

(三)为报道时事新闻,在报纸、期刊、广播电台、电视台等媒体中不可避免地再现或者引用已经发表的作品;

(四)报纸、期刊、广播电台、电视台等媒体刊登或者播放其他报纸、期刊、广播电台、电视台等媒体已经发表的关于政治、经济、宗教问题的时事性文章,但作者声明不许刊登、播放的除外;

(五)报纸、期刊、广播电台、电视台等媒体刊登或者播放在公众集会上发表的讲话,但作者声明不许刊登、播放的除外;

(六)为学校课堂教学或者科学研究,翻译或者少量复制已经发表的作品,供教学或者科研人员使用,但不得出版发行;

(七)国家机关为执行公务在合理范围内使用已经发表的作品;

(八)图书馆、档案馆、纪念馆、博物馆、美术馆等为陈列或者保存版本的需要,复制本馆收藏的作品;

(九)免费表演已经发表的作品,该表演未向公众收取费用,也未向表演者支付报酬;

(十)对设置或者陈列在室外公共场所的艺术作品进行临摹、绘画、摄影、录像;

(十一)将中国公民、法人或者其他组织已经发表的以汉语言文字创作的作品翻译成少数民族语言文字作品在国内出版发行；

（十二）将已经发表的作品改成盲文出版。

前款规定适用于对出版者、表演者、录音录像制作者、广播电台、电视台的权利的限制。

B. 为实施九年制义务教育和国家教育规划而编写出版教科书，除作者事先声明不许使用的外，可以不经著作权人许可，在教科书中汇编已经发表的作品片段或者短小的文字作品、音乐作品或者单幅的美术作品、摄影作品，但应当按照规定支付报酬，指明作者姓名、作品名称，并且不得侵犯著作权人依照本法享有的其他权利。

前款规定适用于对出版者、表演者、录音录像制作者、广播电台、电视台的权利的限制。

法律责任和执法措施[1]：

第四十七条　有下列侵权行为的，应当根据情况，承担停止侵害、消除影响、赔礼道歉、赔偿损失等民事责任：

（一）未经著作权人许可，发表其作品的；

（二）未经合作作者许可，将与他人合作创作的作品当作自己单独创作的作品发表的；

（三）没有参加创作，为谋取个人名利，在他人作品上署名的；

（四）歪曲、篡改他人作品的；

（五）剽窃他人作品的；

（六）未经著作权人许可，以展览、摄制电影和以类似摄制电影的方法使用作品，或者以改编、翻译、注释等方式使用作品的，本法另有规定的除外；

（七）使用他人作品，应当支付报酬而未支付的；

（八）未经电影作品和以类似摄制电影的方法创作的作品、计算机软件、录音录像制品的著作权人或

者与著作权有关的权利人许可,出租其作品或者录音录像制品的,本法另有规定的除外;

(九)未经出版者许可,使用其出版的图书、期刊的版式设计的;

(十)未经表演者许可,从现场直播或者公开传送其现场表演,或者录制其表演的;

第四十八条 有下列侵权行为的,应当根据情况,承担停止侵害、消除影响、赔礼道歉、赔偿损失等民事责任;同时损害公共利益的,可以由著作权行政管理部门责令停止侵权行为,没收违法所得,没收、销毁侵权复制品,并可处以罚款;情节严重的,著作权行政管理部门还可以没收主要用于制作侵权复制品的材料、工具、设备等;构成犯罪的,依法追究刑事责任:

(一)未经著作权人许可,复制、发行、表演、放映、广播、汇编、通过信息网络向公众传播其作品的,本法另有规定的除外;

(二)出版他人享有专有出版权的图书的;

(三)未经表演者许可,复制、发行录有其表演的录音录像制品,或者通过信息网络向公众传播其表演的,本法另有规定的除外;

(四)未经录音录像制作者许可,复制、发行、通过信息网络向公众传播其制作的录音录像制品的,本法另有规定的除外;

(五)未经许可,播放或者复制广播、电视的,本法另有规定的除外;

(六)未经著作权人或者与著作权有关的权利人许可,故意避开或者破坏权利人为其作品、录音录像制品等采取的保护著作权或者与著作权有关的权利的技术措施的,法律、行政法规另有规定的除外;

（七）未经著作权人或者与著作权有关的权利人许可，故意删除或者改变作品、录音录像制品等的权利管理电子信息的，法律、行政法规另有规定的除外；

（八）制作、出售假冒他人署名的作品的。

第四十九条　侵犯著作权或者与著作权有关的权利的，侵权人应当按照权利人的实际损失给予赔偿；实际损失难以计算的，可以按照侵权人的违法所得给予赔偿。赔偿数额还应当包括权利人为制止侵权行为所支付的合理开支。

权利人的实际损失或者侵权人的违法所得不能确定的，由人民法院根据侵权行为的情节，判决给予五十万元以下的赔偿。

第五十条　著作权人或者与著作权有关的权利人有证据证明他人正在实施或者即将实施侵犯其权利的行为，如不及时制止将会使其合法权益受到难以弥补的损害的，可以在起诉前向人民法院申请采取责令停止有关行为和财产保全的措施。

人民法院处理前款申请，适用《中华人民共和国民事诉讼法》第九十三条至第九十六条和第九十九条的规定。

第五十一条　为制止侵权行为，在证据可能灭失或者以后难以取得的情况下，著作权人或者与著作权有关的权利人可以在起诉前向人民法院申请保全证据。

人民法院接受申请后，必须在四十八小时内做出裁定；裁定采取保全措施的，应当立即开始执行。

人民法院可以责令申请人提供担保，申请人不提供担保的，驳回申请。

申请人在人民法院采取保全措施后十五日内不起诉的，人民法院应当解除保全措施。

第五十二条　人民法院审理案件，对于侵犯著作权或者与著作权有关的权利的，可以没收违法所得、侵权复制品以及进行违法活动的财物。

　　第五十三条　复制品的出版者、制作者不能证明其出版、制作有合法授权的，复制品的发行者或者电影作品或者以类似摄制电影的方法创作的作品、计算机软件、录音录像制品的复制品的出租者不能证明其发行、出租的复制品有合法来源的，应当承担法律责任。

　　第五十四条　当事人不履行合同义务或者履行合同义务不符合约定条件的，应当依照《中华人民共和国民法通则》、《中华人民共和国合同法》等有关法律规定承担民事责任。

　　第五十五条　著作权纠纷可以调解，也可以根据当事人达成的书面仲裁协议或者著作权合同中的仲裁条款，向仲裁机构申请仲裁。

　　当事人没有书面仲裁协议，也没有在著作权合同中订立仲裁条款的，可以直接向人民法院起诉。

　　第五十六条　当事人对行政处罚不服的，可以自收到行政处罚决定书之日起三个月内向人民法院起诉，期满不起诉又不履行的，著作权行政管理部门可以申请人民法院执行。

3）必须保守党和国家秘密，维护国家和社会利益。按《中华人民共和国保守国家秘密法》的规定，不得在学术活动中泄露国家事务重大决策中的秘密事项、国防建设和武装力量活动中的秘密事项、外交和外事活动中的秘密事项以及对外承担保密事务的事项、国民经济和社会发展中的秘密事项、科学技术中的秘密事项、维护国家安全活动和追查刑事犯罪中的秘密事项，以及其他经国家保密工作部门确定应当保守的国家秘密事项，以维护国家的安全、民族的团结和社会的稳定。对学术成果中涉及国家重大决策、党的文献和档案、国防建设和武装力量情况、国家外交政策和对外宣传工作，国家经济和社会发展中的统计资料和数据、尖端科技成果情况，测绘和地图，国家安全活动和追查刑事犯罪活动以及其他不宜公开的重大事项,均应严格执行送审批准后才可公开出版(发表)的制度。

4)应遵守其他适用法律法规。按《中华人民共和国民法通则》规定,不得借学术研究以侮辱、诽谤方式损害公民法人的名誉。按《中华人民共和国统计法》规定,必须对属于国家机密的统计资料保密;未经本人同意,不得在科研成果中泄露属于私人、家庭的单项调查资料。从事学术研究、发表学术作品,要遵守有关民族、宗教的法律、法规,不得以学术研究伤害信教群众的宗教感情,不得丑化侮辱少数民族。在学术研究及学术作品中使用标准、目录、图表、公式、注释、参考文献、数字、计量单位等应遵守国家标准化法、计量法等法律法规的规定。

3. 学术写作技术规范

写作技术规范是指在以学术论文、著作为主要形式的学术写作中必须遵守的有关形式规格的要求。国家标准《科学技术报告、学位论文和学术论文的编写格式》(GB 7713—87)[12]和《文后参考文献著录规则》(GB/T 7714—2005)[13]详细规定学术论文的撰写格式及参考文献的著录规则。

(1)论文选题

学术论文应提供新的科技信息[14]。学术论文的选题的创新是衡量学术论文内在价值的关键。选题的创新,就是对于研究方向、研究方法等较之前人有所突破与不同,具有新颖性与先进性。选题的创新性主要包括三种形式:一是研究领域的创新,就是在学术研究的空白之处去寻求研究课题,寻找前人没有发现和涉及的空白研究领域,这种创新往往会开启一片新的研究领域;二是研究视角的创新,就是在已有的研究领域和研究基础之上,找出已有研究成果的不足和缺失,然后去补充和加深这方面的研究,或为某领域的研究提供新的研究视角;三是研究方法的创新,就是在所研究的领域采用前人未使用过或者鲜有使用的研究方法、技术和手段进行研究[15]。

（2）论文内容

学术论文的内容应有所发现、有所发明、有所创造、有所前进，而不是重复、模仿、抄袭前人的工作。正文是学术论文内容的核心部分，占主要篇幅。由于研究工作涉及的学科、选题、研究方法、工作进程、结果表达方式等有很大的差异，对正文内容不能做统一的规定。但是，必须实事求是，客观真切，准确完备，合乎逻辑，层次分明，简练可读[16]。学术论文的内容应与形式完美统一，达到观点鲜明，结构谨严，条理分明，文字通畅，并形式要素齐全、完整。

（3）论文结构

学术论文具有标准结构，应包括题名、作者署名及工作单位、作者简介、摘要、关键词、中图分类号、正文、注释、参考文献以及英文题名、英文摘要和英文关键词。基金资助产出的论文亦应对有关项目加以注明[17]。《科学技术报告、学位论文和学术论文的编写格式》（GB 7713—87）对每部分内容包括字数、图、表等的撰写规范做了详细规定。

（4）学术引用的规则

引用应尊重原意，不可断章取义、引用应以论证自己观点的必要性为限、引注观点应尽可能追溯到相关论说的原创者、引用未发表作品应征得作者同意并保障作者权益、引用未成文的口语实录应将整理稿交作者审核并征得同意、学生采用导师未写成著作的思想应集中阐释并明确说明、引用应伴以明显的标识，以避免读者误会、凡引用均须标明真实出处，提供与引文相关的准确信息[18]。

（5）参考文献

GB 7714—87《文后参考文献著录规则》规定了各个学科、各种类型出版物的文后参考文献的著录项目、著录顺序、著录用的符号、各个著录项目的著录方法以及参考文献在正文中的标注法[19]。不同学校或出版社出版的学位论文或期刊有标准的参考文献著录格式，读者需要根据规定编写参考文献。参考文献的著录应该符合：著录项目俱全、编排符合规范、避免多杂和遗漏、不可故意回避。

4. 学术评价规范

学术评价是同行专家或学术机构对评价对象符合特定学术标准的程度做出权威判断的学术活动。它包括对学术研究者个人或学术机构的学术水平和学术贡献评估、学术成果的学术质量鉴定、学术成果应获得的学术奖励等级的评估、学术研究的立项与结项等过程性评估多种类型。

学术评价者即学术评价主体。任何学术评价的最终主体都是同行学术专家个人。同一个一级学科的专家的评价为"大同行评价"，二、三级学科或更小研究领域的专家的评价为"小同行评价"。学术评价对象即学术评价客体，主要包括：从事学术活动的个人、从事学术活动的团队、从事学术活动的机构、学术成果、学术研究计划。

（1）学术评价的标准

1）分类评价

人文学科与社会科学应根据不同情况分类评价，建立健全分类评价标准体系。例如，对基础研究成果的评价，应以学术积累和学术创新为主要尺度；对应用研究成果的评价，应注重其社会效益或经济效益。

2）注重质量与合理量化

鉴于人文社会科学的特点，各种量化评价指标应当由各学科专家根据学科特点具体设计。坚决制止"一刀切"式的量化标准。评价论文不以刊物的等级作为成果优劣的绝对标准与唯一标准。评价学术研究者个人或学术团队应当坚持"代表作"评价方式。评价周期不应过短，频率不应过高。

3）保护学术自由

学术评价的标准要保护学术研究者的思考权利，坚持学术研究无禁区。对"非共识"的研究项目或学术成果，应淡化研究基础与可行性分析的评价，鼓励探索，宽容失误。避免带有门户之见的进入评价程序。

（2）同行评价专家的基本素质

被聘请为评价专家是学界、社会对专家学术水平的认同。专家本人应该积极参与相关的学术评价活动。评价专家发现评价对象与本人有利害关系或者存在妨碍公正评价的其他因素时，应主动申请回避。评价专家应当认真阅读参评项目的材料，给出详细评语和诚实的反馈意见，不可敷衍塞责，更不可存有偏见。同行评价专家在接受评价委托时，要充分考虑评价任务的工作量和个人工作时间的安排，确保按期完成评价工作。评价专家应该坚持职业操守，严守秘密，在评价活动过程中，不得透露影响评价公正和学界团结的信息。

第二节　学术不端

学术不端（academic misconducts），或科学不端（scientific misconducts）、学术失范（academic misdemeanours），都是指从事学术与科研人员的不良学术行为[19]。中国科学院对学术不端的概念给出了明确的界定，并对学术不端行为给出了认定标准[20]。科学不端行为是指研究和学术领域内的各种编造、作假、剽窃和其他违背科学共同体公认道德的行为；滥用和骗取科研资源等科研活动过程中违背社会道德的行为。其认定标准为：

1）在研究和学术领域内有意做出虚假的陈述，包括：编造数据，篡改数据，改动原始文字记录和图片，在项目申请、成果申报以及职位申请中做虚假的陈述。

2）损害他人著作权，包括：侵犯他人的署名权，如将做出创造性贡献的人排除在作者名单之外，未经本人同意将其列入作者名单，将不应享有署名权的人列入作者名单，无理要求著者或合著者身份或排名，或未经原作者允许用其他手段取得他人作品的著者或合著者身份。剽窃他人的学术成果，如将他人材料上的文字或概念作为自己的发表，故意省略引用他人成果的事实,使人产生为其新发现、新发明的印象,或引用时故意篡改内容、断章取义。

3)违反职业道德利用他人重要的学术认识、假设、学说或者研究计划,包括:未经许可利用同行评议或其他方式获得的上述信息,未经授权就将上述信息发表或者透露给第三者,窃取他人的研究计划和学术思想据为己有。

4)研究成果发表或出版中的科学不端行为,包括:将同一研究成果提交多个出版机构出版或提交多个出版物发表;将本质上相同的研究成果改头换面发表;将基于同样的数据集或数据子集的研究成果以多篇作品出版或发表,除非各作品间有密切的承继关系。

5)故意干扰或妨碍他人的研究活动,包括:故意损坏、强占或扣压他人研究活动中必需的仪器设备、文献资料、数据、软件或其他与科研有关的物品。

6)在科研活动过程中违背社会道德,包括:骗取经费、装备和其他支持条件等科研资源;滥用科研资源,用科研资源谋取不当利益,严重浪费科研资源;在个人履历表、资助申请表、职位申请表,以及公开声明中故意包含不准确或会引起误解的信息,故意隐瞒重要信息。

7)对于在研究计划和实施过程中非有意的错误或不足,对评价方法或结果的解释、判断错误,因研究水平和能力原因造成的错误和失误,与科研活动无关的错误等行为,不能认定为科学不端行为。

第三节　合理使用

合理使用(Fair use)是著作权法中的一项重要的制度,是指根据著作权法的规定,以一定方式使用作品可以不经著作权人的同意,也不向其支付报酬。在一般情况下,未经著作权人许可而使用其作品的,就构成侵权,但为了保护公共利益,对一些对著作权危害不大的行为,著作权法不视为侵权行为。这些行为在理论上被称为"合理使用"。

著作权中合理使用制度:是指在法律规定或作者无保留相关权利的条件下,直接无偿使用已发表的享有著作权的作品,而无须经著作权人许可的著作财产权限制制度。①在顾及商标所有人及第三方的合法利益的情况下,允许对叙述性词汇进行合理使用。②合理使用是指依据法律的明文规定,不必征得著作权人的同意而无偿使用他人已经发表的行为。但在使用作品时,不得影响作品的正常使用,也不得不合理的损害著作权人的合法利益。

需要注意的是,一般情况下合理使用都不需要征得著作权人的同意,但报纸、期刊、广播电台、电视台等媒体在以下两种情况中,如作者声明不得刊登、播放的,则不能对该作者的作品进行合理使用:

1)其他报纸、期刊、广播电台、电视台等媒体已经发表的关于政治、经济、宗教问题的时事性文章;

2)报纸、期刊、广播电台、电视台等媒体刊登或者播放在公众集会上发表的讲话。

我国《著作权法》第 22 条规定了 12 种合理使用的方式:

①为个人学习、研究或欣赏,使用他人已经发表的作品;

②为介绍、评论某一作品或者说明某一问题,在作品中适当引用他人已经发表的作品;

③为报道时事新闻,在报纸、期刊、广播电台、电视台等媒体中不可避免地再现或者引用已经发表的作品;

④报纸、期刊、广播电台、电视台刊登或者播放其他报纸、期刊、广播电台、电视台已经发表的时事性文章,但作者声明不许刊登、播放的除外;

⑤报纸、期刊、广播电台、电视台刊登或者播放在公众集会上发表的讲话,但作者声明不许刊登、播放的除外;

⑥为学校课堂教学或者科学研究,翻译或者少量复制已经发表的作品,供教学或者科研人员使用,但不得出版发行;

⑦国家机关为执行公务使用已经发表的作品；

⑧图书馆、档案馆、纪念馆、博物馆、美术馆等为陈列或者保存版本的需要，复制本馆收藏的作品；

⑨免费表演已经发表的作品；

⑩对设置或者陈列在室外公共场所的艺术作品进行临摹、绘画、摄影、录像；

⑪将已经发表的汉族文字翻译成少数民族文字在国内出版发行；

⑫将已经发表的作品改成盲文出版。以上规定适用于对出版者、表演者、录音录像制作者，广播电台电视台的权利的限制。

合理使用的判定标准：

第一，根据使用作品的目的来判断各国立法中大致都将是否是处于营利目的作为判断是否构成合理使用的标准。对合理使用非营利性的要求是出于对公平原则的考虑，如果允许使用者无偿利用他人享有著作权的作品而从中获利，对著作权人来讲当然是不公平的。

第二，根据使用作品的性质来判断被使用作品的性质这一要素是从作品本身的角度对合理使用进行判断，使用何种性质的作品更容易被认定为是合理使用。在分析这一要素时，"立法者和法官无法创制一个合理使用的适当标准，而必须通过考察所有因素来评定其范围"。

第三，根据使用作品的程度来判断使用作品的程度是指与享有著作权的作品的整体相比，使用的数量和质量。

第四，根据对被使用作品的市场影响来判断对被使用作品的市场影响被认为是判断合理使用最重要的一个要素，因为合理使用和侵权使用只有一步之遥，判断是合理使用还是侵权使用最终总要落脚在行为的结果上，合理使用并不是排除一切对著作权人造成损害的行为的发生，而是要将这种损害限制在一定范围内，未超出这个范围的使用就应当是许可使用或者是法定许可，否则就是侵权行为。

文化部于1984年颁发的《图书、期刊版权保护试行条例实施细则》对"适当引用"的量给出标准,"适当引用"指作者在一部作品中引用他人作品的片断。引用非诗词类作品不得超过2500字或被引用作品的十分之一,如果多次引用同一部长篇非诗词类作品,总字数不得超过一万字;引用诗词类作品不得超过40行或全诗的四分之一,但古体诗词除外。凡引用一人或多人的作品,所引用的总量不得超过本人创作作品总量的十分之一,但专题评论文章和古体诗词除外。

参考文献

[1][4] 学术失范缘何屡禁不止,代表委员议学术道德建设[EB/OL].[2016 – 11 – 23]. http://news. sciencenet. cn/htmlnews/2009/3/217241. html.

[2 – 3] 马革兰,杜秉玉.部分研究生学术道德失范的根源及对策[J].高等教育研究(成都),2010(1):80—82.

[5][10] 常海涛.当前学术道德与学术规范失范现状探析[D].兰州:西北大学,2015.

[6 – 7][17] 张积玉.学术规范体系论略[J].文史哲,2001(1):80—85.

[8] 学术诚信与学术规范编委会.学术诚信与学术规范[M].天津:天津大学出版社,2011.

[9] 教育部.关于树立社会主义荣辱观,进一步加强学术道德建设的意见[EB/OL].[2016 – 11 – 23]. http://www. moe. gov. cn/jyb_xwfb/gzdt_gzdt/moe_1485/tnull_14819. html.

[11] 全国人民代表大会常务委员会.中华人民共和国著作权法[Z].2010 – 02 – 26.

[12][14][16] GB 7713—87.科学技术报告、学位论文和学术论文的编写格式[S],1987.

[13][19] GB/T 7714—2005.文后参考文献著录规则[S],2005.

[15] 学术论文写作编写组.学术论文写作[M].成都:四川大学出版社,2013.

[18] 教育部社会科学委员会学风建设委员会.高校人文社会科学学术规范指南[M].北京:高等教育出版社,2009.

[19] 朱彬,刘英辉,刘念.学术不端与研究生学术规范教育[J].西南民族大学学报(人文社科版),2008(8):267—270.

[20] 中国科学院.关于加强科研行为规范建设的意见[EB/OL].[2016 – 11 – 23]. http://www. eq-igl. ac. cn/kexuefazhan/xf3. html.